JN085839

旭屋出版

目　次

スイーツヒットの理由（わけ）

平成から令和の、この18品はなぜヒットしたか？

目次

スイーツヒットの理由（わけ）

平成から令和の、この18品はなぜヒットしたか?

はじめに

ヒット商品はヒントの宝庫

ティラミスブームに象徴されるように、バブル景気時代に始まった平成は、かつてないほどの**ヒットスイーツ百花繚乱の時代**でした。その勢いは、令和になってもまだ失われていないようで、これまでに、洋菓子・和菓子を始めとするスイーツのヒット商品は、実に多種多様、多彩なものがありました。ふり返ってみると、それら**ヒット商品は店・企業を活性化し、社会を活気づけ**てくれていたことがわかります。そして**スイーツ業界や世の中の“次”を予感させてくれる**部分があったのかもしれません。ヒット商品は、世の中に大きな波紋を投げかけてきました。

昔から言われてきたように、**ヒット商品はヒントの宝庫**であり、特に新たな商品を開発する際、参考となり、ヒントとなってくれるはずです。これら貴重な財産とも言うべきヒットした菓子そのものの魅力については様々に語られてきましたが、トピックとなった多くの商品のヒット要因について分析されたものは、少なかったように思われます。

これら多彩なヒット商品と、それを生み出した**時代・環境などの背景を、時間の経過・歴史の中で捉えなおし、洗いなおすことで、ヒットの要因・要素がより鮮明に見えてくる**のではないでしょうか。可能な限り様々な視点から見直すことを心掛けましたので、ここに取り上げた事例から、何らかの商品開発のヒントが得られるならば、幸いです。

なお、書き終えてみて、ヒットスイーツの数々は、時代の彩りになっていることを感じました。

※本書は、
日本洋菓子協会連合会発行『GÂTEAUX(ガトー)』2021年1月号から22年6月号に連載された原稿を加筆修正したものに、新語辞典、年表、昭和スイーツを増補したものです。

ヒット年
1990年（平成2年）
ティラミス

デザート
テイスト
イタめし
ブーム
Tiramisu

ヒット・ポイント

バブル気分のリッチ＆おしゃれ

市場をまたがる大ブーム

外食から洋菓子市場、チョコレート、アイスクリーム、キャンディー、ドリンクなどまで、広い業界に渡って大きなセンセーションを巻き起こした菓子類のヒット商品・ブームは、それまでありませんでした。明けても暮れてもティラミス、ティラミスのオンパレードと言うくらい大きなブームに膨らんで行ったのは、バブル景気華やかな時代の熱気が続いていたことによるのでしょう。

これほどの爆発力はどうやって生まれてきたのでしょうか。当時を振り返りながら検証することで、爆発力に影響した時代の様相や生活者の嗜好性が見えてくるかもしれません。

多様な広がりでブーム拡大

ティラミスは、**イタリアンレストランを始め多くのファミリーレストラン、ファストフード、喫茶店など幅広い外食店から火が付き、洋菓子店、コンビニ等一気に広がって行きました。そしてその大きなブームの後もしぼむどころか、チョコレートやアイスクリームなど、それまでのヒット商品になかった広がりを見せた**ことは、前述の通り大きな驚きだったことを覚えています。

参考にファミリーレストランのティラミスを載せておきましたが、外食系では、スクープタイプ、ケーキタイプ、カップものと３つのタイプがありました。スクープタイプは皿盛りデザートとして多彩になり、カップもの（容器もの）は容器やトッピングが多様化するなど、その先の**バリエーションの更**

なる可能性を予感させ、ブームが一層大きくなる芽のように感じられます。**デザートジャンルの柔軟性が、多様な広がりの要因**なのでしょう。

●ファミリーレストランのティラミス 3タイプ

スクープタイプ	ケーキタイプ		カップタイプ
ロイヤルホスト ※90～91年頃のメニューはトルテ(ケーキタイプ)。スクープ導入時期は不詳。	セルクルタイプ デニーズ	カットタイプ サイゼリア サンデーサン	すかいらーく ココア顆粒状 スポンジ カーサ

マスコミで話題沸騰一気に拡大

バブル経済華やかな1990(平成2)年(バブル崩壊前夜)のことでしたので、世の中の空気は、絶頂期のムードが続いていました。また、**平成新時代の幕開けという高揚**も加わって、一層華やかな気分、空気感になっていたかもしれません。

華やかな空気を背景に、ティラミスは、1988年くらいから雑誌に取り上げられ始めました。88年に4誌、89年8誌、90年には23誌に急増、特に2～5月に集中し、大ヒットの状況が脚光を浴びました。中でも雑誌『Hanako』4月12日号の「いま都会的な女性は、おいしいティラミスを食べさせる店すべてを知らなければならない。」という刺激的な文言が話題になりました。当時の高揚感、興奮度が伝わってきます。

また、90年の雑誌以外では、筆者メモだけでも新聞4紙に掲載され、テレビのグルメ番組などでも盛んに報道されました。列記した以外にも、頻繁にマスコミで取り上げられた可能性があると思われます。

露出量から推測すると、**ブームを牽引し、拡大させたのは雑誌を中心としたマスコミの力であり、マスコミなしではここまでの大ヒットにはならなかった**と言えるかもしれません。この頃は、雑誌の発行部数も多く、影響度も大きい時代でした。

また、洋菓子業界にとっては、なじみの薄いイタリアンデザートだったのでしょうが、89年、不二製油が自社素材の販売促進として、**ティラミス紹介を実施した**ことは、菓子業界に広がって行く援護射撃につながったものと思われます。

つまり、**多くの人の力がティラミスブームのパワーになっていた**ということでしょう。

イタめしブームとバブル気分

バブル経済下では、海外旅行が大人気でした。その海外旅行熱も手伝ってか、海外勢や海外との提携も含めた新しく華やかな外食施設が次々オープンし、外食が盛り上がっていました。各国の料理も盛んに紹介される中、**イタリアンな明るさが、バブルの陽気さ、バブル気分とマッチ**したのかイタリア料理も人気が高まり89年頃には**「イタめしブーム」**になっていました。また、外食人気の中で、**デザートも注目される**ようになったのです。

国内の**リストランテ(伊 レストランの意)では、ブームになる以前からティラミスは提供されていた**ようで、当初はブームになるほど売れなかったにしても、イタめしブームの中、**ティラミスブームの素地はできていたと言える**でしょう。

もうひとつ興味深いのは、ティラミスTiramisuの意味です。**ティラtiraは「引っ張る」、ミmiは「私を」、スsuは「上に」という言葉であり、「私を上に引っ張って」「私を元気にさせて」という意味**になることです。まさにイケイケムードの**バブル気分にフィットする名前**です。名前の意味の浸透度はどのくらいだったのかわかっていませんが、当時**マスコミでも、意味はたびたび紹介**されていたことから、かなりの広がりがあったでしょうし、意味合いの面白みにも伝播力があったと考えられます。

バブル景気の明るさ、陽気さにマッチしたトレンド…イタめしブーム、ポジティブな時代の空気の中での積極的な新しい味への挑戦…ティラミス、その名前の意味…時代の気分、時代の空気との一致がヒット要因の根幹でした。トレンドにのり時代の気分に合っていたからこそ、マスコミで伝えられると大勢の人が食べようとし、多大な人気が得られたのでしょう。

デザートウエーブ

前述したように、**ティラミスはレストランのデザートから火が付き**ました。コーヒーリキュールを浸み込ませたスポンジにフレッシュチーズのマスカルポーネを使った**チーズムース**をのせ、ココアパウダーを振りかけたものがティラミスの原形です。分類はムースということになるでしょう。

別表はフレンチのデザート(仏デセール、アントルメ)の分類で、フランス菓子の分類の一部と同じです。**ムースはアントルメ・ド・キュイジーヌ(料理系デザート)の内のアントルメ・フロア(冷菓)**の分類で、通称クリーム菓子とも呼ばれるくくりです。昔は、お菓子屋さんの作るデザートに対して、料理人の作るデザートでした。

70年代頃フランスの菓子業界では、ムースなどの軽めのものが増え始めていて(ヌーベル・キュイジーヌの影響)、**80年代には日本にもムースまたはムース・アントルメとして伝えられ、「デザート化」といった受け止め方もされていた**と聞いています。各種の記録をながめてみると、スイーツの**トレンドはデザート系**だったとも言えるでしょう。

スイーツ界のデザート志向の流れは、翌91年のクレームブリュレ、93年のナタ・デ・ココのブームへとつながって行きました。

後代、ティラミスは、菓子類でもシュークリーム、アイスクリームなど、様々なバリエーションを生み、更には主素材もお茶に広がり、抹茶ティラミス、ほうじ茶ティラミスが生み出され、ティラミス専門店までも登場しました。**ティラミスの醸すイメージや食感は、日本人の好みのタイプ**なのかもしれません。

●**デザート（デセール）分類**

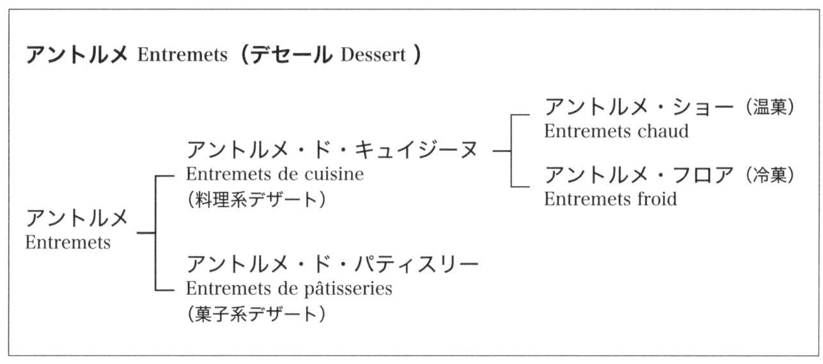

＊アントルメ＝デザート。原義は料理の間の口直しや余興。entre＝間、mets＝料理

レストランの厨房に置かれたティラミス　（イタリア）1996

ヒット年
1991年（平成3年）
クレーム
ブリュレ

crème brûlée
paripari-torori
複合食感

ヒット・ポイント

パリ・とろ！　食感インパクト

新しい体験「ブリュレ」

90年にティラミスが大ヒットした翌91（平成3）年、ティラミスに続いてなじみの無い名前のクレームブリュレが人気となり注目されました。バブル崩壊前夜だったものの、まだまだバブルの熱気冷めやらぬ時代だったからか、新しい物、珍しい物への注目度が高かったのでしょう。**「ブリュレ」…“焦げ”は、新鮮**で魅力的でした。その後、「ブリュレ」が、他の菓子に応用されるようになったことからも、その魅力度は大きかったことがわかります。

クレームブリュレの起源については、諸説があります。一説によるとクレームブリュレは、ヌーベル・キュイジーヌの旗手のひとりポール・ボキューズ氏が、スペインのカタルニアのデザート「クレマ・カタラナ」を、1980年代やや軽い味に改良したもので、何人かの料理人が取り上げたことによって人気メニューになったと言われています。以前、リヨンのレストラン「ポール・ボキューズ」で食べた可愛いい皿入りのクレームブリュレは印象的でした。

このレストランデザートであったクレームブリュレを、日本ではテイクアウト商品として販売できるよう工夫し、洋菓子店にも広まって行ったのです。

デザートトレンド

流行やヒットしたお菓子の流れを見ると、何らかの要素・傾向を引き継ぐことが多いようですし、稀には対極のタイプという逆の影響になったりするようですが、クレームブリュレはどうだったのでしょうか。

ヒット商品の関連性が現れるのは、素材・風味であったり、国であったりする場合が多いのですが、ティラミスからクレームブリュレへの流れには、それがありません。素材的にティラミスはマスカルポーネ（チーズ）とコーヒー風味ですが、クレームブリュレはカスタード系です。また、ティラミスはイタリア生まれですが、クレームブリュレはスペイン由来、他説によるとフランスかイギリスですので、国も違っています。

唯一共通しているところは、デザートのジャンルであることでしょう。80年代にムースまたはムース・アントルメが伝えられ、**トレンドはデザート系**になって行ったことはティラミスの項でも記しましたが、この流れと見ることができそうです。

また、80（昭和55）年にレアチーズケーキがヒットしたことによって、**消費者がクリームリッチな食感の経験とそのおいしさ**を味わった人が増加したと考えられ、**クリーム菓子（アントルメ・ド・キュイジーヌ＝料理系デザート）への橋渡しになり、嗜好性の広がりになって行った**ように考えられます。

クリーミー食感トレンド

２つのメニューを、もう少し分析してみると、興味深いことがわかってきます。風味の特徴づけとして表立つ素材ではないようですが、生クリームが共通していることです。

ティラミスは、マスカルポーネと生クリームを混ぜたものがベースになっていることで、クリーミーな「まったり感」が得られています。

一方クレームブリュレは、全卵と牛乳で作るプリンと同系のカスタード風味なのですが、卵は卵黄のみを使い、生クリームと合わせ、プリンよりリッチな配合のため、更にクリーミーでとろりとした食感になっています。

つまり、２つのメニューは、**乳素材によるクリーミー感と、粘性**（「まったり」と「とろり」との差はある）につながりが感じられます。味覚上のつながりは無いものの、食感は同じ流れの中にありました。**食感にトレンドがあった**のです。

●食感の粘性 '90-'91

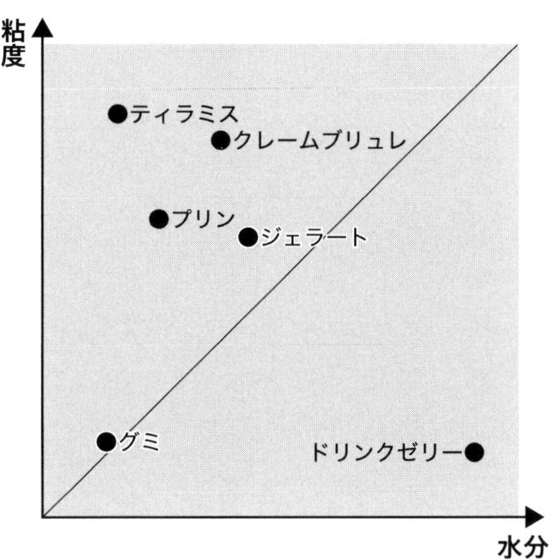

パリ・とろ…食感コントラスト

クレームブリュレの際立った特色は、言うまでもなくブリュレ（仏brûlée=焦げた）の名の通り**カソナード（粗糖）を炙ったパリッとした上面を破ると、とろりとしたカスタード系クリームが現れるコントラストを楽しむ…食感対比・複合食感**でしょう。特にレストランでは、キッチンで炙ったばかりのものを浅めの皿で提供している場合、パリパリ感とクリームのとろりとした食感の対比が最後まで楽しめると人気でした。炙った後軽く冷やすレストランでは冷えたままですが、炙ってすぐ提供するレストランでは、炙った熱めのカラメルと冷えたクリームとの温度差も味わえたでしょう。この製法は、作ってすぐ食べられるレストランにとって得意技になりますが、洋菓子店にとっては難問になってしまいます。ご存じの通り、カラメリゼしてから長い時間が経つと、クリームから水分を吸ってパリパリ感がなくなり魅力が半減するからです。

洋菓子店が、このハードルをどうクリアするか、解決するための創意工夫が、新しい価値や可能性を産み出せるのでしょう。

類似するものからの連想としては、プリンのようにカラメルソースをかける方法や、ティラミス同様の仕上げにする方法が考えられ、この方法で解決した店もあったようです。

この歯応えに正面から取り組んだ店もありました。カソナードの**炙りを何度か繰り返し、パリッとした食感を長持ちさせる方法**によって、ブリュレ最大の魅力を壊さないようにしたのです。

大胆な方法をとった店もありました。**注文を頂いた時に、店頭でカソナードをかけ、客の目の前でバーナーで炙るのです。食感対比が可能なだけでなく、作るところを見せるライブ感と、バーナーで炙るインパクトが効果的**でした。ハードルは高いのですが、すし店のような洋菓子の**ツーオーダー型(注文されてから作る)新業態**ができそうです。

因みに、大分後になってからですが、外観もすし店のようなテイクアウト無しのツーオーダー型モンブラン専門店がオープンしたと聞きました。

食感への関心が高まる

消費者もシュー皮の堅さやスポンジの軟らかさなど、今までも食感には敏感でしたが、クレームブリュレのように**食感を強く意識させ、売りにまでした洋菓子は、少なかった**かもしれません。更に、「パリパリ・とろり」と言った**食感対比を前面に打ち出した洋菓子も無かった**と思われます。**クレームブリュレは、消費者が洋菓子の食感に、より一層関心を持つきっかけになった**のではないでしょうか。

※P.35複合食感参照

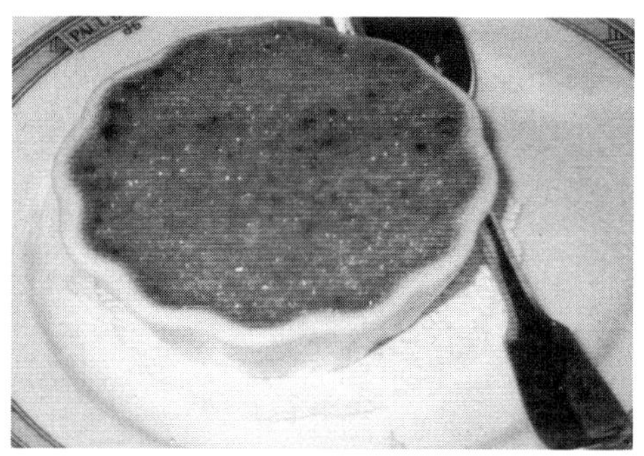

クレームブリュレ
レストラン ポールボキューズ
(仏リヨン)1998

レストラン ポールボキューズメニュー　(仏リヨン)1998
Crème brûlée à la cassonade Sirioの文字が見える。

ヒット年

1991年（平成3年）

◆◆◆

まるごと バナナ

◆◆◆

まるごとバナナ

concept おやつ

Banana Campaign

ヒット・ポイント

価値が見える　用途が見える

巨大おやつ市場…開拓

90（平成2）年代当初、ティラミス、クレームブリュレと、連続してデザート系で外食店から火が付き、洋菓子店に広がるパターンのヒットが続きました。

そのさなか、90年の秋、デザート系の流れとは異なる洋菓子「まるごとバナナ」が、ヤマザキ製パンの宮城工場で開発・地域発売されて人気になり、翌91年４月全国発売され、ヒット商品へと育って行きました。洋菓子店、外食店といった従来の洋菓子・デザートの主戦場ではなく、**コンビニやスーパーなどの流通系の市場**だったのが特徴的です。

流通市場（テナントを除く流通系店舗の売り場）からの洋菓子のヒットは、71（昭和46）年のゲル化プリン以来で、久々に活況となりました。更に、まるごとバナナは、**「コンビニで洋菓子を買う」購買行動がめずらしくなくなるきっかけになった画期的商品**となったのです。

〈参〉首都圏女性調査（『洋菓子店経営』）ケーキを買う場所

	コンビニ	スーパー
'91	2.8%	5.0%
'92	4.0	9.6
'93	7.7	4.4
⋮	⋮	⋮
'99	24.1	9.3

〈参〉首都圏女性を対象とした調査が、91年に始まったので、参考に掲出します。少しずつですがコンビニ、スーパーでケーキを買う人が、上昇傾向になっています。

発売後、好調だったからか、パインやいちごなど種類を増やし、まるごとバナナシリーズの売り上げは１年間で４５００万本に達しました。これは日本の一世帯に一本の割合で買ったことになり、洋生菓子の分野では超大型のヒット商品に育ったことになると報道されました。(92.5.25 日経産業新聞)

洋生菓子のおやつ市場が大きいことをうかがい知ることができる結果です。

価値が見えるネーミング

「まるごとバナナ」は、**名前を聞き、一見するだけで商品の特徴（価値）がわかり、用途がわかる**ことが、おやつ菓子としてヒットした要因の第一でしょう。

まず、ネーミングですが、洋菓子らしからぬ**ストレートで飾らないけれど少しユーモアがあって、意表を突くネーミング**に、消費者の関心が惹きつけられたはずです。一般的に洋菓子のネーミングは、発祥国などのイメージや情緒を大切にしたいという思いからでしょうが、外国の名称を意識的に使う場合が圧倒的です。しかも、この菓子は「オムレット」または「バナナボート」という名称で、既に菓子店で売られているものでした。一般にも知られていた洋菓子を、あえて**日本語のネーミングで発売したことが、大きな冒険だったでしょうしヒット要因**になっていました。

当時のコンビニの主要客層は男性客が圧倒的で、単身生活者が多いという状況でした。また、一般的に男性が一人で洋菓子店に入るのは、少し気恥しいと思う人の多い時代でしたから、あまりなじみのないおしゃれな名前の「オムレット」よりも、**ストレートでわかりやすく、飾り気の無い「まるごとバナナ」という言葉がなじみやすかった**のではないでしょうか。

コンビニをリサーチしていたある日、昼食時に工事現場から来たと思われる作業服の男性３人が入店したのに出会いました。弁当、飲み物などを買い、そのうちの一人がスイーツの棚の前を歩きながら、棚をチラッと見て、さり気なくサッとまるごとバナナを取って行くのが見えたのです。この買い方に、当時の男性客の心理を垣間見ることができたように感じ、ネーミングとの親和性を感じました。

更に、スーパーの顧客の多くを占める主婦層や年配の女性層にとっても、このわかりやすく素朴なネーミングは、親しみやすさが感じられたのではないでしょうか。普段着のような日常性のスイーツイメージにピッタリだったようです。

成功要因は「おやつ特化」

ネーミングが象徴するように、「オムレット」というおしゃれ着のような感じではなく、**普段着のような日常性のスイーツ…おやつ菓子イメージに特化した商品設定（コンセプト）は、売り場の特性と、来店する顧客の特性・心理を的確にとらえたもので、まるごとバナナヒットの根源的要因**だったと思われます。

まるごとバナナの特徴を整理してみると…

親しみやすいバナナが丸ごと一本スポンジに巻かれているので食べ応えがあり、おやつに最適です。また、細長いため**持ちやすく、食べる場所を選ばない食べやすい形状になっているのも便利**です。更に**包装がキャンディー包みになっているため、持ったまま、少しずつ包装をめくりながら食べることができる**ようになっています。それらを、ネーミングが要領よく伝えていて、コンセプトが徹底されているのがよくわかります。

まるごとバナナは、**コンセプトの的確さがヒットの決め手となる**ことのよくわかる事例のひとつでしょう。そしてこれは、**幅広い客層に、長く支持される可能性があるコンセプト**なのかもしれません。ヒットしていた時、他社の同様商品が増加、その後もヤマザキパンの売れ筋商品になっているようです。

バナナキャンペーンを追い風に

もうひとつ、大切なヒット要因があります。バナナ現象とでも言うべき流れです。

当時、**バナナの栄養価や吸収の速さから、スポーツ選手のバナナ愛好が話題**になっていました。これをヒントにしたのか、89（平成1）年に、日本バナナ輸入組合による**バナナ輸入量倍増キャンペーンが始まり**ました。まるごとバナナ仙台発売の前年、全国発売の前々年です。

秋元康プロデュース『バナナに恋した日』の出版や、ＴＶ、ラジオ、雑誌等にバナナ体験談特集など、媒体へのエンタテインメント性も持った仕掛けが奏功し、バナナ人気は高まって行きました。バナナ関連商品の発売が、筆者のメモだけでもドリンク類12品、まるごとバナナを含めてスイーツ類５品、パン類５品、ファミリーレストラン４社のデザート計８アイテムなど、増加していました。その流れに乗るようにして、まるごとバナナは発売されたのです。

顧みると、**バナナ販促キャンペーンを最も上手に追い風にできたのは、まるごとバナナだった**かもしれません。

'71プリン
流通系市場
コンビニ
スーパー

ヒット年
1992年（平成4年）
焼きたて
チーズケーキ

ふわっと
焼きたて！
6号
￥500
Cheese Cake
soufflé
soufflé

ヒット・ポイント

焼きたて　温かふんわり

行列が客を呼ぶ ＆ シズル感

92（平成4）年頃、チーズケーキ専門店が急増し、そのうちの多くの店に行列ができていました。クリスマスのような催事を除いて、ケーキで行列ができるのは、82（昭和57）年の100円ケーキブーム以来のことだったかもしれません。行列は注目度が高く、行列が更に客を呼び、大きな話題になりました。

行列ができた最大の理由は、焼きたてのケーキというインパクトでしょう。目の前で焼き上げ、温かいうちに手に入り、食べられるという新しい経験、冷えたケーキの味との違い、シズル感（見た目や音などから食欲・購買意欲を刺激される感覚）が大きな魅力でした。ケーキは冷やされたものを食べるのが当たり前でしたが、温かいケーキを食べるというそれまでになかった新鮮な経験のインパクトは大きかったようです。

和生菓子系では、だんご、餅、人形焼、今川焼など焼きたてものはたくさんありますが、洋生菓子類の焼きたてものは、レアケースだったことの爆発力でした。

人気度が高いチーズケーキ

チーズケーキの人気は高そうだと思っている人は多いでしょうが、当時はどうだったのでしょうか。

焼きたてチーズケーキブームより10年ほど前、1983（昭和58）年NHKが全国対象に調査した結果（『日本人の好きなもの』日本放送出版協会1984）によると、チーズケーキは好きな菓子（菓子類全般）の10位で、ケーキの中では4

位でした。因みに好きな菓子の１位はショートケーキです。83年頃のチーズケーキの支持率はさほど高くなかったことがわかりますが、次の表を見てください。92年頃までにレアチーズケーキやティラミスのブームがあり、チーズケーキ類への関心や好感度が次第に高まって行ったように思われます。

●チーズケーキ類の動向

70年代後半	ベイクドチーズケーキ人気
80年	レアチーズケーキブーム
80年代中頃	アメリカンチーズケーキ ファミレスで定番化
90年	ティラミスブーム
92年	焼きたてチーズケーキブーム

当時のチーズケーキの人気を調査で見てみましょう。**洋菓子嗜好・意識調査（首都圏女性）*によると、1991～2019年の29年間のうち、なんと22年もチーズケーキが好きなケーキの１位でした。改めて支持率の高さに驚かされます。**

［参考］首都圏以外のデータが少ないのですが、2002年の岡山商工会議所のデータによると、好きなケーキの１位はチーズケーキ、２位イチゴショート、３位モンブランでした。

焼きたてチーズケーキがブームになった92年の調査結果（別掲グラフ参照）を見ても、**チーズケーキが好感度トップであったことは、ヒット要因の重要ポイント**だったと言っても間違いないでしょう。ただし、チーズ風味はさほど強くなく、**日本人好みのソフトなチーズ風味**だったことも重要でした。また、翌93年の支持率は更に高くなっていますが、焼きたてチーズケーキブームの影響かもしれません。

参考までに、11月11日がチーズの日に定められたのも92年であり、チーズフェスタが実施されるなどチーズの嗜好度が上昇しつつあったのでしょうか、象徴的に感じられます。

●好きなケーキ　1991～93　首都圏女性意識調査『洋菓子店経営』

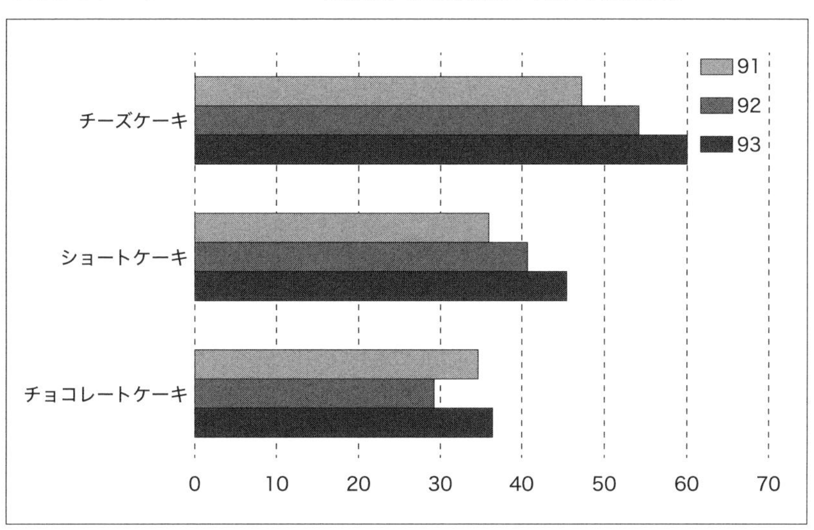

＊洋菓子嗜好・意識調査（首都圏女性）
1991～1999　『洋菓子店経営』
2000～2019　『GÂTEAUX』

チーズケーキ人気の高さは前述の通りですが、同調査の好感度１、２位を争うショートケーキは、常時同じタイプのケーキがショーケースに並ぶのに対して、チーズケーキは定番的なスフレ、ベイクド、レア以外、何年か置きに違ったタイプのヒット商品が登場し、定番物を上回ってしまうことがあるのも特徴的です。この場合も、定番的スフレタイプではあるのですが、「焼きたて」という特性によって、従来の冷蔵されたスフレよりふわふわ感が強調され、別な存在になっていました。

ふわふわ、しっとり…スフレ

焼きたてチーズケーキが登場したのは、84（昭和59）年の関西でした。ある菓子店の目玉商品として発売したのですが、人気が出てきたために、店名も「りくろーおじさんの店」に変え、チーズケーキに重点を置くようになり、89(平成1)年には行列が絶えることはなかったと言われています。

店頭で見える焼きあがったチーズケーキは香りも良く、見るからにふんわり軟らかそうで、焼き色もソフトな栗色をしていました。その上面に焼き印を押しているのですが、線の部分が少し沈むために、ふんわりした軟らかさが強調され、見た目にも魅力的です。

焼きたて、温かさ、手作り感だけでなく、スフレタイプの特徴でもある**ふわふわした軟らかさとしっとり感が支持されたことも、ヒット要因**だったように感じられます。

単品専門店の魅力

前述のように、りくろーおじさんの店チーズケーキのヒット要因である「スフレタイプチーズケーキ」「焼きたて」をセット化し、出店しやすくなった単品専門店が増え始めました。狭い場所でも営業できるために出店適地を見つけやすく、単品のため技術も習得しやすく、設備も少なくてすむので参入障壁は低く、店舗展開が容易だったからでしょう。

また、店舗が小型のためのメリットで、**作っているのがまじかで見られ、匂いも感じやすく、そのシズル感、鮮度感がお客様の嗜好をくすぐる魅力**になっていました。単品専門店はブームを拡大する大きな力になったのです。

6号（18㎝）、500円

バブルは91年に崩壊しました。直後の洋菓子市場全体はまだ安定していて、日常生活にもすぐに影を落とすほどの不況感はなかったように記憶していますが、消費者心理は先行き不安感が漂い始めていたかもしれません。**89**

年には３％の消費税が導入されていましたので、消費者が価格に対して敏感になり始めていた可能性はありそうです。

当時の平均的家族構成は、３～４人だったこともあって、クリスマスなどのホールケーキの売れ筋は６号でした。その６号が500円というリーズナブルな価格で提供されるのですから、価格に敏感になり始めていた消費者にとって、魅力が大きかったと思われます。

売れ筋サイズ６号が500円というリーズナブルな価格であったことは、ヒット要因の重要なひとつとして挙げられるでしょう。

焼きたてチーズケーキ
りくろーおじさんの店

ヒット年
1993年（平成5年）
ナタ・デ・ココ

nata de coco
texture
healthy
Surprise
topics

ヒット・ポイント

“フシギ”食感 & 豊富な話題性

突然“フシギ”なヒット

93（平成5）年に、ナタ・デ・ココ（ナタデココとも表記する）が「突然*」ヒットした時、驚いた人は多かったのではないでしょうか。92年から人気が出始めてはいたのですが、当時ほとんどの人が知らない“モノ”であり、すい星のごとく登場したように見えたからでしょう。**“半透明でクニュクニュしたフシギなモノ”“変わった名前”は、かなりのインパクト**があったはずです。

当時の報道をふり返ってみると、グミやくずきり、寒天、イカ刺などにも似ているけれど少し違う不思議な食感が話題になっていました。オノマトペ（擬音語・擬態語）を拾ってみると、「ぷるるんキュッキュッ」「プルプル」「コリコリ」、中には「コリコリ、モチモチ、プチプチ、クチュクチュ、ツルンツルン」と並べた雑誌もあり、どう表現したらいいのか、戸惑ってしまうほどだった状況が伝わってきます。

ヒットスイーツの中でも、**強い意外性を弾みに、爆発力の大きいブーム**になりました。バブルの余韻がまだ後を引いていた時代、この**新奇で“フシギ”感のある話題性が、第一のヒット要因**だったかもしれません。

＊「突然バカ売れのナタデココ」『FOOD BUSINESS』1993.9月号

フィリピンのデザート食品

ナタ・デ・ココ（nata de coco）はスペイン語で、ナタは「（ミルクなど）液体の上面に膜状にできる皮」を意味し、ココは「ココナッツ」の意味です。つまり、「ココナッツジュースの上面にできる膜状に固まったもの」を指し、加糖したココナッツジュースに、酢酸菌を加えて発酵させ、上面に固まったもので、一般的にはサイコロ状にカットして用います。

乳白色寒天状の、独特な弾力ある食感で、ややライチに似た風味があります。原産国フィリピンでは、フルーツ類を混ぜてかき氷を載せたデザート「ハロハロ」にして食べるのが一般的なようで、混ぜる食材のひとつでした。(ハロハロ halo-halo は、タガログ語で「混ぜこぜ」の意)

なぜこれが日本でヒットしたのか、不思議に感じた人も多かったことでしょう。

因みに、ハロハロは明治時代に日本人がフィリピンで甘味屋を開き、提供したみつまめが起源と言われています。ナタ・デ・ココは寒天のイメージで使われたのかもしれません。

新しい組み合わせでヒット

前掲の『FOOD BUSINESS』によると、1977年頃には輸入されていたフルーツミックスの中に、ナタ・デ・ココが入っていて、86年頃には単品でも輸入されていたと記されています。しかも、当時は「売るのに苦労した商品だった」ということでした。

認知度の低かった商品がなぜ突然売れるようになったのか、そこには意外な要因が隠れていました。そのファクターを分析してみましょう。注目すべきは、**ファクターの「読み」と「組み合わせ」、常識的にハロハロにせず新しい商品提示をした**ことにありました。

弾力ある食感に注目

ナタ・デ・ココの特徴の第一は、独特な食感にあります。元来「ソフト＆ウェット」を好む日本人が、なぜナタ・デ・ココに興味をもったのでしょうか。

91年、弾力のある食感が特徴のグミが、子供や若者の間でヒットしていました。グミは、子供の噛む力を強くし、歯に関する病気予防を目的にドイツで生まれ、海外で人気のあったものが、日本でも作られるようになり、徐々に人気が出てきたものです。当時、グミのヒットによって、**弾力ある食感への関心が高まっていました。**

これに対して、ティラミス以降のヒットスイーツ類の食感トレンドは、「ソフト&ウェット」に「クリーミー粘性」が加わった「まったり感」が主流でした。ナタ・デ・ココ単体がスイーツ市場で支持されるのには、ハードルは高いものがあったのです。

ナタ・デ・ココヒットの火付けは、ファミリーレストランのデニーズでした。デニーズが森永乳業と協力して世に送り出したメニューは名称こそ**「ナタ・デ・ココ」単体でしたが、ヨーグルトと組み合わせたデザートで、その食感の組み合わせ（複合食感）が、ヒットのキー**になっていたのです。クリーミーな食感と弾力感を同時に味わえることの魅力です（別掲図参照）。

その後18（平成30）年にヒットしたタピオカドリンクも、同様な特徴のアイテムだったように思われます。

●複合食感

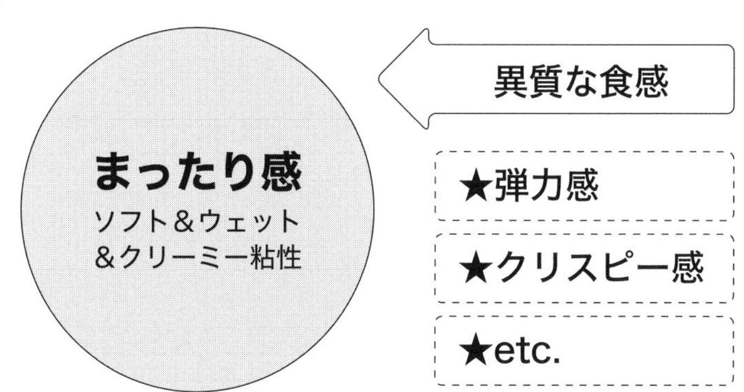

ヘルシー＋意外性

87年頃、アメリカでは肥満が問題視され、ヘルシー、ダイエットが関心の的となり、フローズンヨーグルトがブームとなっていました。日本にもこのブームが伝わり、米国チェーン店が上陸するなど話題になっていたのです。そのヘルシー志向の影響からか、91（平成3）年頃には、ヨーグルト人気が高まり、後94年にはヨーグルトきのこブームが巻き起ころうという頃でした。つまり、ナタ・デ・ココがデニーズに登場した92年は、**ヨーグルト人気が上昇している最中**だったことになります。このヨーグルトとの組み合わせが、ヒットの隠れた力になっていました。

ただ、ヨーグルト人気は高まっていたにも関わらず、当時のファミレスなどのヨーグルトメニューは、プレーンヨーグルトにストロベリーやブルーベリーなどのフルーツソースをかけただけの簡単なメニューが多く、せっかくのヨーグルト人気が外食分野での追い風になっていませんでした。ここに“伸びしろ”が眠っていたのです。

更に、デニーズのメニューは、ヘルシーだけでなく、**白いヨーグルトの中に半透明乳白色のナタ・デ・ココが隠れて**いて、フルーツとフルーツソースが載せられていました。初めて食べた人には、隠れている**「白の中の白」のサプライズ**は楽しめたでしょうし、二度目以降は探す楽しみになっていったはずです。また、**ナタ・デ・ココの食物繊維を知れば、更にヘルシー感がプラスされた**ことでしょう。

豊富な話題性と発信力

話題性がナタ・デ・ココのヒット要因であることは、冒頭にも記した通りですが、**変わった名前、新奇な“フシギ”感、独特な食感、ヘルシーなど話題の豊富さは、大きな魅力**でした。名前も、変わっているだけでなく、「ココ」の音など「かわいい」と感じた人も多く、その**ネーミングの可愛らしさは若い女性の心をとらえた**ようです。

しかも、デニーズは、広域展開していましたので、その話題は一気に全国へ波及することにもなりました。この**発信力はヒットを大きく後押しした**ことでしょう。主要な客層が若かったことも、話題が広がる力になったはずです。

その話題性には、マスコミも食いつきました。テレビを中心に、新聞、雑誌などにも頻繁に取り上げられ、**発信力はマスコミに増幅され**て、大きなうねりになって行きました。発信力の強さが、ブームを大きくふくらませて行ったのです。

ナタ・デ・ココ　デニーズテーブルPOP　1992

ヒット年
1993年（平成5年）
パンナコッタ

Soft & Wet
まったり
クリーミー
食感
Panna cotta
スッキリ

ヒット・ポイント

癒しの白　クリーミー後味スッキリ

デザート人気続く

ティラミスブームの後、翌年にはクレームブリュレが人気となり、デザートからのヒットが続きました。外食業界や、素材メーカーから、マスコミまで、次のデザート探しが盛んでしたが、イタめしブームが続いていたこともあって、ティラミスに続くイタリアのデザートを候補に考える人が多く、ズッパイングレーゼやカッサータなどが、候補として話題になっていました。

92（平成4）年の夏ごろから人気が出始めたナタ・デ・ココが93年ブーム化するなど、引き続きデザートが注目されている中で、パンナコッタはリストランテ（伊 レストランの意）で話題になり始めていたようです。92年4月の『日経レストラン』などの雑誌類にも、紹介されるようになっていました。**ティラミス以来、デザート人気の流れが続いていたことが、パンナコッタヒットの誘因**になったことは、間違いないでしょう。

まったりクリーミー…後味スッキリ

流行には、何らかのファクター（要素）のつながりがあると言われています。通常、国や素材などがトレンド（傾向）としてつながる場合が多いのですが、パンナコッタはどうだったのでしょうか。

ティラミスはイタリア生まれでしたが、クレームブリュレはスペインのクレマカタラーナ（crema catalana*）が祖形と言われていますし、ナタ・デ・ココはフィリピン原産素材ですので、同じ国のデザートがヒットするという流れではありませんでした。

＊catalana＝「スペイン・カタロニア地方の」の意。

また、ティラミスはチーズ系素材がメインであるのに対して、クレームブリュレはカスタードベース、ナタ・デ・ココはココナッツ由来の素材とヨーグルトですので、素材的なトレンドでもありません。

これらのブームをつなぐファクターは、デザートというカテゴリーだけなのでしょうか。別掲の図を見てください。90（平成2）年から93年までのヒット商品は、ソフト&ウェットタイプがほとんどでした。更に、主要素材では、焼きたてチーズケーキを除くと、チーズムースやカスタード、生クリーム&バナナなどやや粘性のある**まったりクリーミーな食感が共通**しているのがわかります。ナタ・デ・ココも、最初のヒットメニューは、ナタ・デ・ココヨーグルトであり、ナタ・デ・ココの歯応えとヨーグルトのクリーミー食感との組み合わせ…複合食感がヒット要因でした。

日本人のおいしさ表現を集めてみると、「とろとろでおいしい」「もちもちおいしい」「サクサクしていておいしい」など、**食感でおいしさを表現することが多い**ことがわかります。**おいしさの中に占める食感の割合が高い**ことの現れでしょう。**トレンドも、食感から見えてくることが多い**かもしれません。

更に、まったり度に注目すると、ティラミス、クレームブリュレと重めの物が続いた後、ふんわりスフレタイプの焼きたてチーズケーキがブーム化し、**軽めのものを好む傾向が出てきた**ことに注目してください。この微妙な変化にパンナコッタヒットの要因がありそうです。

最初パンナコッタが話題になったのは、イタリアンレストランからでした。イタリアンレシピによって作られていたはずであり、日本人には少々重めのテイストだったのでしょう、人気メニューだったのですが、ヒットにまではなりませんでした。

その後、ファミリーレストランのデニーズが森永乳業と協力して発売したパンナコッタが、ブームの火付け役になりました。このパンナコッタは、イタリアンレストランタイプの重めのものでなく、**日本人の日常食を意識して、牛乳の量の工夫でやや軽くするとともに、後味をすっきりさせたものにした**

のがヒット要因でした。コクキレのようなタイプを狙ったのです。この商品設計が、この頃の食感トレンドにマッチしてヒットにつながり、テレビ報道等の援護射撃もあって、複数のファミレスを中心にブーム化して行きました。この広がり方は、ナタ・デ・ココと共通しています。

　また、ほぼ同時期にサントリーが供給していた素材…パンナコッタパウダーとその販売関連活動も、拡大スピードを速めたように感じられます。

●ヒット商品食感マップ 1990-93

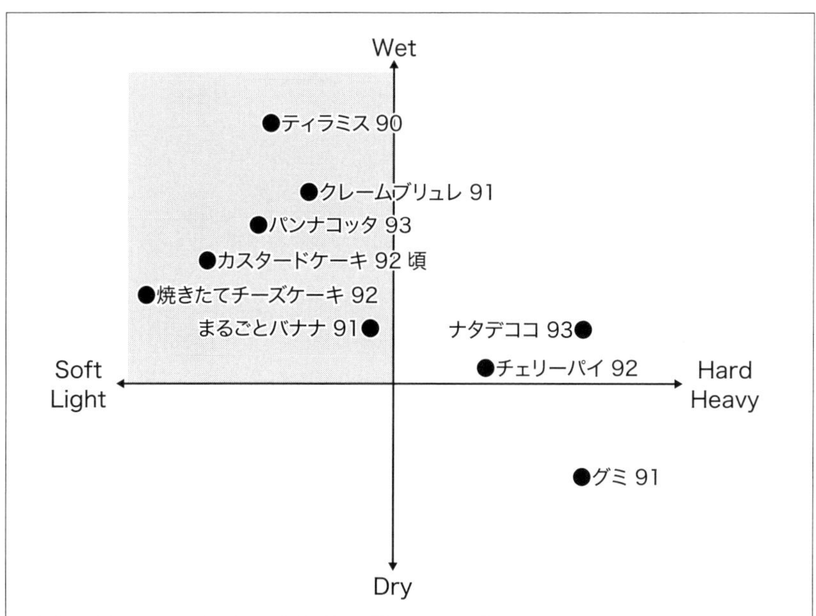

消費者心理の揺れ

「消費者の求めるもの」で、興味深いことがありました。パンナコッタがヒットした時より半年ほど早くから話題となって先にヒットしたナタ・デ・

ココとの違いです。

新奇な素材、奇抜な食感、風変りな名前…と話題性の豊富なナタ・デ・ココに比べて、素朴でシンプルなデザート、パンナコッタにはあまり話題性がありません。やや地味とも思えるパンナコッタがなぜヒットしたのか、不思議に思う人もいるでしょう。これには、バブル経済の崩壊によって、**バブルの余韻の心地良さと、忍び寄る先行き不安との間で揺れる消費者心理**が影響しているように感じられます。

癒される懐かしい味

91年にバブルが崩壊し、93年頃になるといよいよ不況が日常生活で実感できるほどになっていたのではないでしょうか。その暗い気分になりつつあった時、日常的な外食の代表であるファミレスに、パンナコッタは登場しました。

気候風土、文化共に明るいイタリアに生まれたドルチェ（お菓子・デザート）らしく、**パンナコッタという名前には明るい響きがあります**。パンナ panna は生クリーム、コッタ cotta は加熱する、煮るという意味で、名前が作り方を示している、シンプルで素朴な、北イタリア、ピエモンテ州の郷土菓子だと言われています。当時食べた人の感想をみると、「(初めて食べたものなのに) 懐かしい感じのする味」というのが共通していました。なぜさほど際立った特徴がなさそうなこの商品が売れるのか不思議がられるほどだったのですが、この暗い気分になりがちな時だからこそ、**明るい響きの名前、「懐かしい感じのする味」が、癒しとなってヒット**したのではないでしょうか。

93年のスイーツ類ヒット商品、話題商品の記録をみると、パンナコッタの他に、ナタ・デ・ココ、ヨーグルト、タピオカ、杏仁豆腐、水まんじゅう、くずきりなどがありました。これらの商品・メニューに共通するビジュアル、**しっとりのある白や半透明の白は、潤い感と素朴なやさしさが感じられる**ことでしょう。

華やかだったバブルがしぼみ、**時代の気分は、素朴でどこか懐かしく癒されるもの、ほっとするものが好まれた**と考えられます。**名前の明るい響きや白い潤い感にも救われた**のかもしれません。

その後、20年以降コロナ感染拡大の不安感・緊張感が高まった時期に、**食感では「ふわふわ、ふっくら感」「とろとろ」のやさしさ、視覚的にはクラウド（雲）のような軟らかさが感じられるものに人気**がありました。このように**気分が暗くなりがちな時には、癒されたいという消費者心理が強く働く**のがわかります。

パンナコッタ　デニーズミニメニュー1993

●ファミリーレストランのパンナコッタ

ミント
アングレーズソース
Denny's
クリーム
Royal Host
ホイップ
ミント
チェリー
アングレーズソース
ナタデココ
ピーチ
すかいらーく

ヒット年
1994年（平成6年）
生どら・
生大福

和洋
定番
生
Cream

ヒット・ポイント

あん＋生クリーム…定番返り＋α

「生」の魅力

生どらがヒットした時期を振り返ると、**92（平成4）年に生パイ、94年は生どらの他、生シフォン、95年には生ロールに加え生チョコが話題になり始めるなど、「生」を冠したヒット商品・話題商品が続々登場**していたことに気がつきます。

ご存じのとおり、生どらは生クリームどら焼き、生大福は生クリーム大福の「生クリーム」を略した**通称**で、前述の各品も同様です。当時、菓子類の「生～」ネーミングの商品は、ほとんど「生クリーム」の意味でした。**「生クリーム」の根強い支持と、「生」という言葉の魅力とがパワーになっていた**ように感じられます。「生」には、**「天然・自然の（手を加えていない）」「新鮮・みずみずしい」というイメージがあり、好感度が高くインパクトの強い言葉**のひとつでしょう。

菓子以外にも「生」をつけたヒット食品・飲料は数多くあり、スイーツ系以外のほとんどの場合、「生」は生クリームではなく、「天然の」「新鮮な」と言った意味ですが、多用されているところをみると**「生」は消費者に好まれやすいキーワード**であると言えそうです。

※「生どら」は商標として登録されている可能性があります。

和洋融合…あん＋生クリーム

和洋折衷・和洋融合の古くは、江戸時代に創られたと伝わる愛媛の「タルト（柚子あんロール）」や、明治時代に酒種まんじゅうをヒントにした「あんぱん」

などがありました。

83（昭和58）年カスター饅頭がヒット、85年いちご大福がブームとなり、同年に「西洋和菓子」が登場して**和風ケーキ**が話題となりました。**洋と和が接近、和洋融合のトレンド**が生まれてきたと考えられます。また、02年頃**和スイーツ**が注目され、洋菓子業界では、抹茶、桜、後に柚子など和素材を取り入れる店も増え、和菓子業界では、老舗や名声店が洋菓子風のものを発売するなど、クリーム、チーズ等乳製品、チョコレートなどの洋素材を使う店が増え、和洋融合が広がり、新たな流れが定着する可能性が見えてきました。

生どらは、**あんと生クリームとのクリーミーな乳あん風味＊（和洋融合）がヒットの核**ですが、以前から、あんと乳製品の組み合わせは好まれていました。発売年は不詳ですが、アイスクリームとあずきをのせた「クリームあんみつ」（和メニューに洋素材導入）や、70年代に発売された「あずきアイス」（洋メニューに和素材導入）など冷菓系の人気商品として好まれていたのは周知の事実であり、**あずき＋アイスクリームが生どら誕生につながって行った**と考えられるでしょう。

生どらは、87（昭和62）年、東北の菓子店から発売されたと言われています。あんと生クリームと独特などら焼きの皮との味がうけ、94年の大ヒットに育って行きました。あんと乳製品との和洋融合の味は、生クリームを使った生どらに結実し、95年頃の生大福登場への呼び水となったのではないでしょうか。

＊乳あん風味…「あん＋乳製品」の組み合わせはしっかり定着し、22（令和4）年のあんバタースイーツへとつながったと思われます。（P.49参照）

生どら…定番返り

93年は、バブル崩壊の影響が日常生活にも影を落とすようになっていました。不況期には低価格が好まれるようになり、**消費者は「失敗しない買い物」をしようという思いが強まって、「定番返り」が起こる**ようです。

和菓子業界では、**93年後半から、どら焼きの売れ行きが上昇**、まさに流れは定番返りになっていました。そして、「あん＋乳風味」は、前述のように和洋折衷テイストの定番でしたので、これも定番返りの一種と言えるでしょう。その「乳製品」に、それまで和菓子店で使われていなかった「生クリーム」を使ったことが「新しさ」になりました。この新しい組み合わせが可能になったのは、電気設備機器類の発達と、浸透があったからです。つまり、どら焼きへの定番返りに、生クリームという新しさを加えた**生どらは「定番返り＋α」がヒットのキー**だったことがわかります。生どら発売後、東北からじわじわ広がっていたのですが、どら焼き人気の流れを背に受けて大きく飛躍したのでしょうか、全国的に広がって行きました。

生どらのヒットは、和菓子業界に影響が広がり、生クリームだけでなく、いろいろなジャム類とあんの組み合わせなども現れ、洋風どら焼きの種類が増加しました。

洋菓子業界では、スポンジを丸く抜き、クリーム類やジャム類などをサンドしたタイプの洋風どら焼きを販売する店も現れ、**和洋両菓子業界にタイプの異なる「洋風どら焼き」が出現**し、生どらを中心とした広がりへと発展したのです。こういった**柔軟なトライアルから新しい可能性が見え、新たな商品開発の切り口も増えてきた**と言えるかもしれません。

どら焼きは、その後も話題になって、生どら系では、サンドされたクリームが分厚いものなども登場し、人気となりました。

生大福へ

大福の和洋折衷・融合は、85年のいちご大福ブームに始まったのかもしれません。それまで和菓子の素材としてなじみが無く、洋風イメージの強いいちごを丸ごと入れた大胆さは、印象的でした。

その後、生どらの影響があったからか、95年頃には、全国の何店かの店で、生クリーム入りあんの生大福が売り出されたようです。また、98年には、あんは入っていませんが生クリームといちごを求肥で包んだ「雪苺娘（ゆきいちご）」が全国販売され、生大福ヒットへの援護射撃になって行ったように思われます。

生どらと同様、**生大福ヒットのキーは、あんと生クリームがベース**ですが、どら焼き独特の生地のおいしさとは異なる餅生地使用による**日本人の好む「もちもち食感」も大きなヒット要因**になっていることです。

更に、デフレ傾向が続き、景気は回復してはいませんでした。この時代背景の中に生まれた生大福は、生どらと同じように失敗しない安心感のある定番に新しさを加えた**「定番返り＋α」が要素**のひとつだと言えるでしょう。

01年頃、桜の花や葉を洋菓子に取り入れることから広がり始め、02年頃注目された和スイーツの流れの影響からか、生大福のあんのバリエーション増加だけでなく、違った広がりも出てきました。おもしろいことに、洋菓子業界では、**大福の形状や素材にこだわらず、デザート的なアイテムに発展**して行きました。求肥シートが開発されたことによって、クレープのようなスタイルや容器を使ったデザートとして、自在なデザインのスイーツが生み出され、大福とは異なる華やかさを獲得して行きました。

●和洋折衷・融合の流れ

83年	カスター饅頭
85年	西洋和菓子の店　開店
	いちご大福
94年	生どら
01年	和素材を取り入れた洋菓子増加
02年	和スイーツブーム
	洋菓子風和素材菓子販売店増加（和菓子業界）
05年	和栗のモンブラン増加
06年	生大福
	桜スイーツ増加

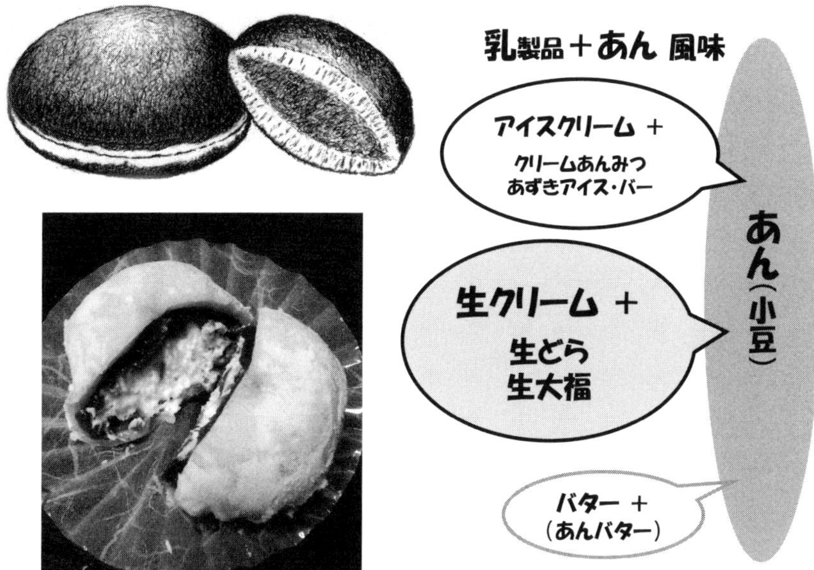
乳製品＋あん 風味
アイスクリーム ＋
クリームあんみつ
あずきアイス・バー
生クリーム ＋
生どら
生大福
バター ＋
（あんバター）
あん（小豆）

生クリーム大福

ヒット年

1995年（平成7年）

◆◆◆

カヌレ

◆◆◆

ヒット・ポイント

クラシカル・ロマンの香り　食感対比

復活のロマン

カヌレは、1515～1700年頃にかけて、ボルドーの女性修道院で作られていたものです。フランス革命によって修道女たちは修道院を追われ、カヌレは作られなくなって、一旦途絶えていました。

後代、無くなったことが惜しまれたのでしょう、再開されるのですが、その時期は1790年頃とも、1830年頃とも言われていました。書物に残された記述から復元、工夫され、現在の形になったものと伝えられています。

歴史に翻弄されたカヌレ伝承のロマンが感じられますが、**フランス・ボルドーでの復活ドラマは、お菓子に歴史の重み、味わいを添え、口コミの要素となり、ヒットの導火線になった**ものと考えられます。

郷土菓子…協会の活動

カヌレが日本で人気になった翌96（平成8）年、ボルドーへ行く機会に恵まれ、カヌレの本場を見ようということになりました。既にパリでも売られているほどになっていましたが、ボルドーの菓子店の目立つところにはカヌレが並び、ほとんどの店でカヌレが売られていました。

02年に再訪の機会を得た時も、ボルドーのホテルのフロントには、一口サイズの可愛らしいカヌレが皿盛りになっていて自由に食べることができ、レストランではデザートにプチカヌレが供され、ボルドー発の飛行機の中でも、デザートにプチカヌレが出てきて感心しました。浸透度がより一層深まっているのでしょう、まさにボルドーという**地域を代表する郷土菓子（正式名称**

カヌレ・ド・ボルドー) としての位置づけに定着したことがわかります。**地域を挙げて郷土菓子を盛り上げている**のでしょう。地域の支援が、菓子を広めて行く大きな原動力になっているように感じられました。

ボルドーには、カヌレの協会があり、カヌレとしての基準があるようです。この**協会が推進と管理の役割**を果たしていました。日本の店で、この協会に加盟しているところもあり、また、これに倣ってか、日本でもカヌレを守る会ができたと聞きました。**力を合わせて盛り上げようする**姿勢をも受け継ごうとしているのでしょうか。

欧州 歴史ロマンの香り

日本では90年頃、カヌレをボルドーで見つけ、技術を習得して日本で発売した店や、ボルドーのパティシエが来日し、伝えられて発売した店など、複数の店から始まりました。しばらくはじっくりと売っていたようですが、95(平成7)年、**テレビなどのマスコミに取り上げられてから話題が広がり、ヒット**になって行ったようです。

「カヌレ」は「溝をつけた」という意味ですし、型を重視しているので、形状を特徴とするお菓子のひとつでしょう。洋菓子としては**めずらしい形とクラシカルな色、蜜蠟という耳慣れない素材と歯応え、ヨーロッパの歴史ロマン…大人の雰囲気を湛え、謎めいた話題の詰まったインパクトが、大きな魅力**となっていました。

更に、型の問題や焼成時間の長さによって、**量産することが難しい限定性が、ハングリーマーケットとなりやすい**面を持っています。マスコミが取り上げたくなるようなネタ満載だったことがわかるでしょう。

独特な食感コントラスト

カヌレの主素材はクレーム・パティシエール（クレーム・アングレーズ=カスタードクリーム）です。カヌレヒットまでの、カスタード系ヒット商品や話題商品の表を見てください。毎年のごとく話題になっていることが見て取れますが、このことからも**カスタード系は日本人に好まれやすい味**であることがわかります。

●カスタード系のヒット・話題商品

83年	カスター饅頭
91年	クレームブリュレ
92年頃	カスタードケーキ
93年	焼きプリン

表中の菓子に使われるカスタードクリームは、カヌレより軟らかくクリーミーであることが、少々異なってはいますが、味覚的には同じくくりに入っています。

カヌレは型に蜜蠟を塗ってクレーム・パティシエールを流し入れ長時間焼きますので、**表面はカリッと、中は弾力性のある軟らかさが独特の食感コントラストとなっていて、それが魅力であり、ヒット要因**のひとつになっていました。91年にヒットしたクレームブリュレもカスタードクリームで、上面にまいたカソナード（粗糖）を炙って提供するため表面パリッと中とろとろの食感コントラストが魅力であり、大きなヒット要因となっていたことを思い出します。（食感マップ参照）

●カスタード系商品食感マップ 1990-95

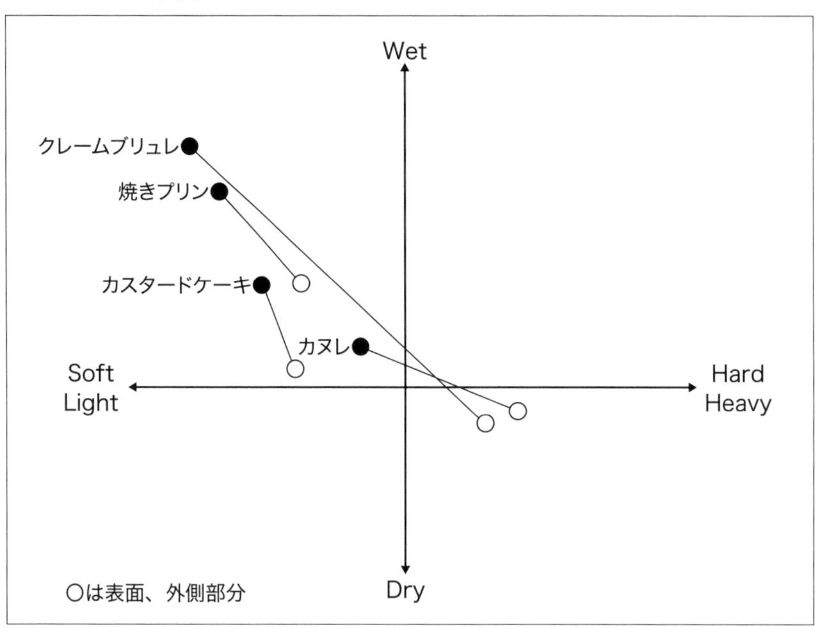

価格破壊の時代

カヌレのヒットした前年94年の流行語に「価格破壊」「就職氷河期」などがあったように、デフレは続き、景気は良くなかったようです。更に95年の1月には、阪神淡路大震災に襲われ、3月にはオウムによる地下鉄サリン事件が起きるなど、時代の空気感は暗く重いものでした。

マクドナルドは95年、ハンバーガーを210円から130円に引き下げました。バーガー百円台のインパクトは大きく、価格破壊の象徴的出来事だったように記憶しています。

94年ヒットの生どらは1個 120～180円であり、カヌレは1個 150～250円(中心価格150～180円)でした。スイーツ類の心理的に買いやすい価格は、当時150～180円位だったのかもしれません。**「価格破壊」という時代の空気**

感の中では、低単価もヒットの条件だったのでしょう。**重厚感があり価値が感じられるのにリーズナブルであるのは大きい魅力**だったと思われます。

また、それらに加えて、**歴史の荒波から復活したカヌレロマンに惹かれる**ものが、無意識のうちにあったのかもしれません。

2022（令和4）年、風味のバリエーションを持たせたカヌレが登場するなど人気は復活、カヌレ専門店なども話題になっていました。"新感覚カヌレ"とも呼ばれ、その新感覚が支持されているようですが、無意識的には、コロナ禍による景気の低迷、暗く重い空気感からの脱却・復活願望もあるのでしょうか。

カヌレ（トレー内左）などの盛り合わせ
仏ボルドーのレストラン プレデザート　2002年

ヒット年
1997年（平成9年）
ベルギー
ワッフル

わっふる
Belgian
Waffle
American
Waffle

ヒット・ポイント

カリッと素朴・デコボコ不定形

ヒット商品以前のワッフル

ベルギーワッフルがヒットする前、日本には２種類のワッフルがありました。

昔から親しまれているものは、楕円形が多く、文字などが浮き出しになったソフトな生地を二つ折りにし、各種のクリーム類や餡などのフィリングを包むか、どら焼きのようにフィリングをサンドしたものです。これは日本風にアレンジしたワッフルだと言われていますが、明治二十年代頃伝わったと言われているものと同じ作り方であるかどうかは不明です。

もうひとつは、伝わった時期が定かではありませんが、生地は角形かフチのある円形で、格子型の模様がついた、ややソフトなタイプのものです。一般的にはアメリカンワッフルと呼ばれていました。外食が盛んになり始めた1960年代以後、カフェなどのデザートや軽食メニューとして人気があったように記憶しています。フードコートなどにもあったかもしれません。

ベルギーワッフル Belgian Waffle

ベルギーワッフルがヒットしたのは97（平成9）年でした。火付け役となったのは、関西のワッフル専門店マネケンだと言われ、96年頃から関西で人気となり、次第に広がって行ったようです。

ベルギーでワッフルに出会って感動、技術を習得し、器具なども持ち帰って、日本で始めたことが、マネケンのHPに記されていました。本来ベルジャンワッフルと言うべきかもしれないところを、**日本人になじみやすくするた**

め、ベルギーワッフルと呼んだのも、ヒットへの第一歩になったのではないかと思われます。また、**既に知っているワッフルという名称に、「ベルギー」をつけることで、今までのものと違うという差異感を出し、注目度を高めたこともヒット要因のひとつ**になっていそうです。

カリッと香ばしい…リエージュ

ベルギーからは、首都**ブリュッセルのワッフルと、リエージュ地方のワッフルの二つのタイプ**が伝えられました。

ブリュッセルワッフルは、アメリカンタイプに似ていて、生地はソフトで角形なのに対し、**リエージュワッフル**は生地がカリッとしていてフチの無い不定形な丸形でした。マネケンがベルギーワッフルを売り出した86（S61）年には、二つのタイプをどう扱っていたのかは不詳です。

99年に配布された同店のしおりによると、ブリュッセルが首都であることを意識してか、写真や説明はブリュッセルタイプが先に、次にリエージュという順で並べて書かれていましたが、ブリュッセルタイプを売っている店は限られていて、通常店はリエージュタイプだけ販売しているようでした。スタート時から何年か経ってみて、リエージュワッフルの人気が高まったのでしょうか。

この販売店数の違いが、ヒットの理由につながる人気度合いを表していそうです。ブリュッセルタイプは、これまでに出回っているワッフルとあまり差異のないソフトタイプであり、形もなじみのあるフチありの角形でした。それに対して**リエージュワッフルはカリッと香ばしく、フチなし不定形のデコボコな丸形が、素朴で目新しい形**であり人気の差になったのではないでしょうか。この**カリッと食感と素朴な形こそ、ベルギー・リエージュワッフルヒットの第一要因**であると考えられます。

因みに、アメリカンワッフルはベーキングパウダーを使ってソフトになっているのに対して、リエージュワッフルはイーストを使うことで、食感の違いが出ているようです。

関連情報ですが、筆者メモでは、ヒットする前の91年、ファミレス大手の店でフェアメニューとしてベルギーワッフルのブリュッセルタイプが取り上げられました。このメニューは定着しなかったようであり、これから推測しても、リエージュタイプの方に人気が集まって行ったのではないかと考えられます。

マスコミ報道も、ベルギーワッフルブームの取材は、リエージュタイプに集中していました。

ライブ感・行列現象

ベルギーワッフルは、焼きたて販売でスタートしました。ベルギーワッフルが**登場した当初のライブ感の注目度は高く、焼きたての実演と匂い、表面カリッと中しっとり、アツアツ食感のインパクトは大**きく、行列が起こり、客が客を呼ぶ流れになって行ったようです。

手ごろなサイズで、歩きながらでも気軽に食べられることも行列化しやすさに繋がったかもしれません。

また、単品販売だったこともあって、参入障壁が低かったようで、マネケンから始まって多数の店が参入してきました。**売り場の増加によって、ヒットに拍車がかかりやすかった**のではないでしょうか。

更に、**価格が120～150円とリーズナブルだったのも、ヒット要因**かもしれません。ヒットした年**97年４月には消費税が３%から５%に増税となり、11月には、山一證券や北海道拓殖銀行が破綻するという衝撃的なことが起こりました。経済的な先行き不安感があったでしょうし、価格には敏感になっていた可能性**があります。

●焼きたて ヒット商品

81年	焼きたてクッキー
92年	焼きたてチーズケーキ
95年	ポテトアップルパイ
97年	ベルギーワッフル

ブームの余波

焼きたて実演販売によってベルギーワッフルはヒットし、ブーム化、通常のスイーツ販売にも広がって行きました。コンビニの焼き菓子コーナーにも置かれるようになったのです。

更に、菓子店が販売する日本風の楕円形二つ折りのソフトなワッフルや、外食系のアメリカンワッフル、クリーム類をサンドするケーキタイプのワッフル専門店のものなど、**ワッフル全般が注目される**ようになって行きました。ワッフル市場全体が、膨らんで行ったのでしょう。

ブームは、直接の対象商品だけでなく、関連商品をも活気づける力を持っているのかもしれません。

※参考　その後06(平成18)年頃、ケーキタイプのワッフルが話題となり、専門店にはサンドスタイルのワッフルが20アイテムほどそろえられていました。

ベルギーワッフル　リエージェタイプ

ヒット年

1998年（平成10年）

◆◆◆

なめらかプリン

◆◆◆

ヒット・ポイント

とろりクリーミー “生感”ネーミング

専門店への鮮烈復帰

98(平成10)年1月、テレビ番組で、女性タレントがパステルの「なめらかプリン」を紹介、その「なめらか」インパクトがきっかけとなって、人気に火がついたと言われています。「なめらか」を売りにしたプリンの登場は、鮮烈でした。

なめらかプリン人気が高まるにつれて、同タイププリンが、燎原の火のごとく全国に広まって行き、二十何年ぶりかに**プリンが菓子店のショーケースに戻ってきた**のです。

元来プリンは、長い間支持されてきた定番スイーツであり、デザートとしてプリンアラモードはロングセラーメニューだったのですが、**1971(昭和46)年に大手食品メーカーからゲル化プリンが発売され、スーパーなどの流通市場でヒット**。低価格であること、ツルンとした食感や甘さが人気となり、**プリンは子供のおやつの定番**となりました。以来、長い間ゲル化プリンが主流となり、１００円前後の流通系アイテムとして定着していたのです。そのゲル化プリンの支持が根強かったせいか、プリンが人気メニューになっていた一部の店を除いて、菓子店のショーケースから、カスタードプリンは長い間姿を消したままになっていました。

この菓子店へのプリン復活は、菓子業界にとって劇的でした。

食感ネーミング

この商品で特筆すべきことのひとつは、ネーミングが「やわらか」「まろやか」ではなく、それまでスイーツ類にあまり使われていなかった**「なめらか」**

という食感表現…言葉の"生感"のインパクトでしょうか。この**ネーミングの印象度は強く、なめらかプリンヒットの一要因**となっています。

これまで、食感がキーコンセプトになってヒットしたスイーツ類には、クレームブリュレやナタ・デ・ココがありましたが、食感をネーミングにしてしまったものは、あまりありませんでした。

菓子業界の食感ネーミングを探してみても、案外少ないのを感じます。和菓子には、ふんわりした「あわ雪」や、羽二重のような食感から「羽二重餅」と名付けられたもの、薄い氷の食感イメージ「薄氷」、糖衣の硬さを表現した「石衣」など、いくつかはありました。

洋菓子ではあまり見当たらず、紙(葉)の重なりの形状と食感イメージの「ミルフィーユ」、軟らかい布のような「シフォンケーキ」がありますが、数は少ないようです。

更に、食感を何かに例えるのでなく、**食感をストレートに表した日本語を使ったネーミングは「なめらかプリン」が初めて**だったかもしれません。その目新しさもあったのではないでしょうか。消費者だけでなく、業界にも新鮮なインパクトだったようで、その後の同タイププリンは、別図のように、各社とも食感訴求のネーミングを使っています。

●プリン 食感ネーミング 語感

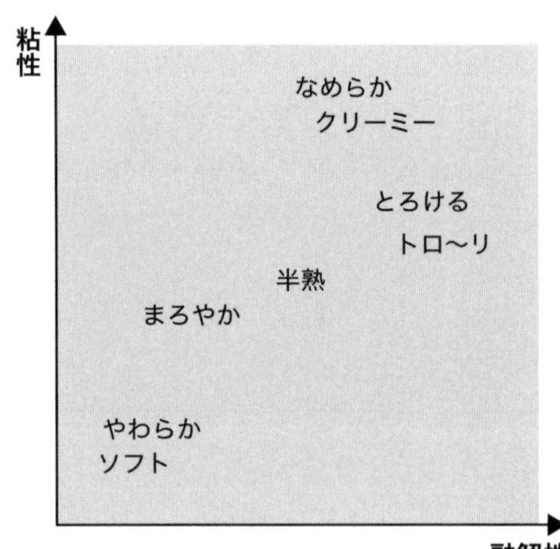

良質感・上質感

パステルの当時のしおりなどでは、プリンが三層になっているところも訴求していました。クリーム部分は、**乳脂肪分の高い良質の生クリームを使っているため、オーブンで焼き上げる間に乳脂肪分がゆっくり浮き上がって二層に分かれる**ことをアピールしていたのです。上の層は「コクのある旨味」、下の層は「サッパリ」した美味しさの二層となり、最下層にはカラメルの層があり、三層になっていることを伝えていました。(※P.67参照)

消費者は、「なめらか」さが、この乳脂肪分の高い良質の生クリームからもたらされることを知り、上質感が伝わったようです。

更に、生クリーム以外の素材も、質の良いものを使用していることをもアピールして、上質感を際立たせようとしていました。

“なめらか” な食感と上質感

なめらかプリンは、パスタレストランのデザートとして誕生しました。当初はセットメニューのデザートとしてデビューしたのですが、主要客層であった若い女性達から、なめらかな食感が支持され、プリンの人気が高まって、その人気に押され、単独のデザートメニューになったのです。そして、単独メニューになってから、より一層人気が高まって行きました。

それまで流通業界の定番となっていたプリンと比べるとわかりますが、前述したように、**なめらかプリンヒットの最大要因は、「なめらか」な食感と、リッチでクリーミーな上質感が、大人のプリンとして消費者の心をとらえた**ことにあったと考えられます。

食感トレンドと素材

ヒット商品食感マップを見てください。1990（平成2）～98年のヒット商品のほとんどは、ソフト＆ウェットのくくりに入っています。中でも、ティラミス、クレームブリュレ、パンナコッタ、なめらかプリンなど、**「まったり*クリーミー」**なものの多さに気がつきます。そして更に、それぞれの商品を見ると、そのまったりクリーミー感は、乳素材によって作られていることがわかります。乳脂肪のコクと粘性が由来の食感でしょう。

●ヒット商品食感マップ 1990-98

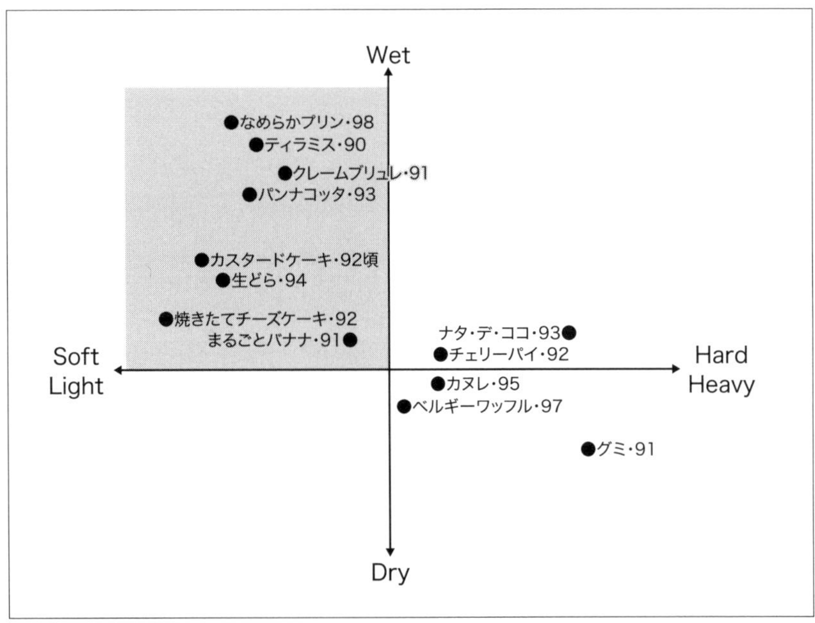

当時の**食感トレンドは、「まったりクリーミー」**でしたが、まったりクリーミー度は、商品特性やその時々の空気感、嗜好性によって微妙な違いを見せながら、大きな流れになっていました。

> *「まっ**た**り」= まろやかでコクのある味わい。元来京都の御所言葉で、関西系の言葉。1983(昭和58)年より始まったマンガ『美味しんぼ』に度々使われて広まったと言われる。(アニメ開始は1988年)

後日談になりますが、2020(令和2)年には、レトロ人気に呼応するように、昔ながらの硬めのカスタードプリンに人気が出始めました。プリンのなめらか食感トレンドは、22年間の長きに渡ったことになります。

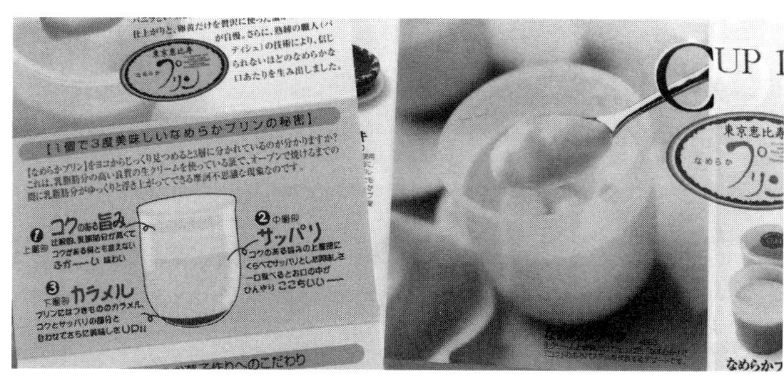

なめらかプリン
パステル　パンフレット

ヒット年

1998年（平成10年）

◆◆◆

エッグタルト

◆◆◆

ヒット・ポイント

タルト焼きたて・カスタード風味

ポルトガルが起源

エッグタルトの原形はポルトガルの郷土菓子パステル・デ・ナタ Pastel de nata（複数形は**パステイス・デ・ナタ** Pastéis de nata）*です。リスボン市内のベレン地区にあるジェロニモス修道院が、16世紀頃から始めたお菓子だと言われ、その後廃院になった際、地元の菓子店に製造が引き継がれたもので、パステル・デ・ベレン Pastel de Belém とも呼ばれていました。ポルトガル語のパステルはパイ、ナタはクリームの意味で、**パイ生地のタルトレットに、カスタードクリームを流し込んで焼いた菓子**です。（＊P.73参照）

パステル・デ・ナタは、ポルトガルの植民地であったマカオに伝わってダンター＊となり、香港、台湾に伝わって、タンター、タンタオ*などとも呼ばれて、広まって行きました。

1997年マカオのベーカリーが香港にエッグタルト専門店をオープン。これがきっかけで人気になって、参入も相次ぎ、ブーム化して行ったようです。翌98年台湾にブームが波及し、日本にも伝えられ、その年98（平成10）年ヒットしました。エッグタルトの名は、香港で売り出した時の名称によると言われています。

カヌレと同じように由来のドラマはあるのですが、起源であるポルトガルの名前ではなくエッグタルトとして伝えられたことでもわかるように、そのドラマはあまり知られていなかったようです。この歴史ドラマは、カヌレと違ってヒットの誘因になっていませんでした。

＊タンタオ←ダンター（中国 蛋撻）
ダン（蛋）は卵、ター（撻）は英語タートtart（仏語タルトtarte）の音を表したもの。

多様なネーミング

これまで書いてきたヒット商品は、同じ名前か、イメージが違ってしまわないよう最初にヒットした商品と似通った名前にする場合がほとんどです。ところが、エッグタルトには何種類もの名前があったという、少々変わった特徴がありました。

名称を調べてみると、香港でヒットした際の**「エッグタルト」**という名前が最も多く使われ、同系統では**「プリンタルト」**があります。ポルトガル由来であることを重視したものには**「パステル・デ・ナタ」**や**「ポルトパイ」**があり、経由地の言語である中国語**「タンタオ」**など多岐に渡っていました。

多様な名前に共通するイメージを持ちにくくなるため、ネーミングは、ヒットに寄与しなかったでしょう。ヒット商品にとって、ネーミングがヒット要因の一端をになうことが多いのですが、エッグタルトはめずらしい例と言えるでしょう。もし、ネーミングが一本化されていたとしたら、もっと大きなヒットになり、もう少し長い期間売れ続けていたかもしれません。

タルト・焼きたて専門店

当時、焼きたてのおいしさを訴求してヒットするものが、出始めていました。焼きたてチーズケーキに始まり、ベルギーワッフルに繋がって行く流れです。別掲の表を見てください。「焼きたて」ものが、この時期に続いていることに気が付きます。

更に、焼きたてものが洋菓子店の１品種として売られるだけでなく、**多くの焼きたて単品専門店の登場が、ブーム化への推進力になった**ことは、特筆すべきことであり、大きなヒット要因と考えられるでしょう。

ファストフードの影響もあったのでしょうか、洋菓子では焼きたてチーズケーキが最初であり、ベルギーワッフル、エッグタルトと続いて行きました。

それぞれ単品専門店展開が登場し、ブームを発展させましたが、エッグタルトはほぼ単品専門店中心の展開になっていたようです。**焼きたて単品専門店は、洋菓子業界での新しい販売方法、新しい業態として、可能性を広げた**ことになるのと同時に、継続性という課題はあるものの、短期に**ヒットを仕掛けやすい業態の誕生**と言うことが出来そうです。

●焼きたて菓子

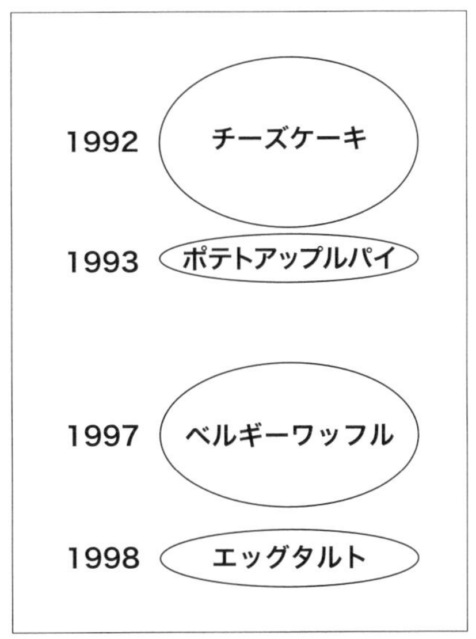

更に、タルトという形状も、ヒットに寄与したと考えられます。作る方も食べる方も、**扱いやすい形・サイズであり、タルトはまだあまり一般化していない目新しい形状**だったことが、展開しやすく注目されやすい要素だったのでしょう。

カスタード好き

ポルトガル人は卵好きであり、菓子でも卵を多用するようですが、日本もポルトガルに負けないくらいの卵好きのようで、菓子だけに限らず卵を多用しています。

次の表でもわかるように、**カスタード風味は日本人に好まれやすい味**と言うことができるでしょう。

また、98年はなめらかプリンと共に２品のカスタード系ヒットスイーツが重なっているという特異な状況になりました。

●カスタード系のヒット・話題商品

83年	カスター饅頭
91年	クレームブリュレ
92年頃	カスタードケーキ
93年	焼きプリン
95年	カヌレ
98年	なめらかプリン
98年	エッグタルト

興味深いのは、同じ年に重なってしまったにも関わらず、2品ともそれほどパワーダウンしなかったように感じられることです。なぜ、そうなったのでしょうか。

2品を比較してみると、なめらかプリンは年初から話題になり、洋菓子店、外食店が中心でしたが、**エッグタルトは秋頃から話題になり、窯が店頭に必要と言う事情からかベーカリーや焼きたて単品専門店が販売の中心**だったという違いがありました。話題になった時期や、販売市場が異なっていたことなどが原因だったと考えられます。

海外でのブームの波及

もう一つ考えられるのは、海外でのブーム等の影響です。これまで海外の影響があったと考えられるヒット・話題商品には、ティラミスやカヌレ、チェリーパイなどいくつかありますが、**エッグタルトのヒットには香港、台湾でのブームの影響があった**とも言われていました。

それまで海外からの波及は、アメリカやヨーロッパが多かったのですが、アジアからの波及は珍しく、新しい流れが作られて行くきっかけになったかもしれません。

●エッグタルトの原形

パステイス・デ・ベレン（パステイス・デ・ナタ）　1996年

●エッグタルトの伝来経路

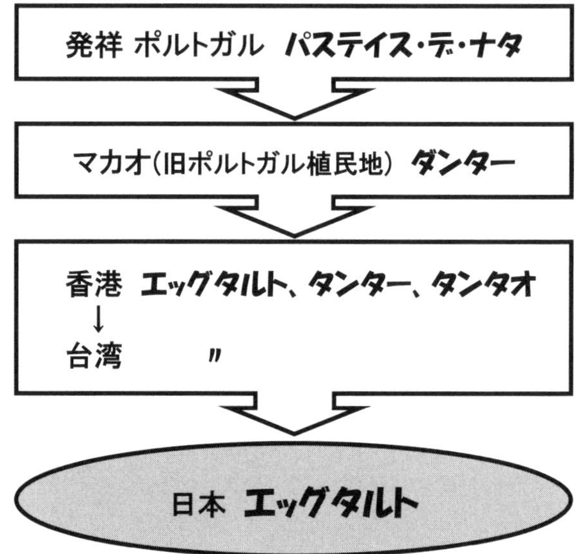

ヒット年
2003年（平成15年）
バーム
クーヘン

Baumkuchen
Factory
image
Soft
texture

ヒット・ポイント

やわらか・できたて手土産

長期安定市場への新しい風

　バウムクーヘン（バームクーヘン）と言えば、1922（大正11）年頃、日本で初めてクーヘンを販売した周知のブランド…ユーハイムとその商品を思い浮かべる人は多いことでしょう。

バウムクーヘンは根強く安定した支持のある商品として概念・イメージが定着していました。クーヘンを製造する各社とも、ユーハイムとほぼ同じ方向を目指していたようですし、市場も、長い間大きく変わることのない状況が続いていたのではないでしょうか。

このユーハイムのバウムクーヘンと違った性質の商品は見当たらなかったのですが、商品のポジショニングの異なる商品はありました。地域の物語を題材にした地域銘菓ねらいのものがそれで、各地にあるのですが、製品的には同傾向のものがほとんどだったと思われます。

そのクーヘンの市場に最初の新しい動きがあったのは、昭和40年代（1965～74）後半頃です。和洋菓子併売店が中心となって、巻物を模した円筒形の個装ミニサイズバウムクーヘンに、「○○物語」「○○日記」と言った名称をつけ、地域銘菓・土産として各地で盛んに商品化されブームになりました。

その他には、ギフトの詰め合わせ用にもなる個食タイプ・スモールクーヘンも、商品化されましたが、残念ながら記録がなく、何時頃から市場に出回るようになったかは不明です。（※P.79イラスト参照）

小さいサイズのものは、以上のような新しい動き、流れが生まれましたが、従来型の標準サイズでは、長い間大きな変化はなく、クーヘンの商品概念はほぼ変わらないままでした。そこにクラブハリエの「バウム」を「バーム」に変えて新しさを表現した“バームクーヘン”が投入され、長期安定市場に新たな動きは始まったのです。

工場イメージからスタジオへ

新タイプは99（平成11）年関西でスタートしましたが、**店頭には工場で焼き上げたままを彷彿とさせる芯棒付きの“丸太*”のような状態のクーヘンが、大量に飾られ**ていました。（*当時クラブハリエではこの状態のクーヘンを「丸太」と表記）作り手にとっては当たり前の景色ですが、それまで消費者のほとんどは、クーヘンが切り分けられる前の姿を見たことがなかったのでしょう。切り分けながら販売したことや、この丸太状の陳列は新鮮だったようです。

作り手・売り手としては、商品に仕上げる前の、価値を見せにくい半製品であり、どちらかと言えばあまり見せたくないものだったはずです。作るところを見せるスタイルは盛んでしたが、全部を見せるのではなく、きれいなところやおもしろいところ…“見せ場”を決めて見せていましたので、**飾り気のない丸太のような形状や、太くて長い芯棒、切り捨てる端の部分などまで隠さず見せる**ようなやり方は革新的で新鮮だったのでしょう。人気となり、売れて行ったようです。また、**消費者の菓子に対するサイズ感を越えた大きさ**には、驚かされたかもしれません。

更には、この人気を追い風に**店舗に焼成機を導入、クーヘンを焼くところも見せる実演販売に拡充**し、**工場イメージから店舗併設工房として全て見せるスタジオへと進化**、行列現象に発展して行き、2003（平成15）年のヒットへとつながりました、

しっとりソフト

従来タイプは、生地を芯棒にかけて付着させ、回転させながら焼くという

製法適性を重視したためか、贈答品としてのきっちりした感じを大切にしたかったためか、年輪も等間隔で、やや硬めのしっかりタイプであり、スキのない完成度の高い感じでした。

それに比べると、新しいタイプは、**手作り感のあるややしっとりしたソフトなタイプ**でした。それまで、ドイツ発祥イメージが強く、クーヘンの概念は定着していたため、ソフトなクーヘンの生地は新鮮だったことでしょう。

しっとりタイプや軟らかいもの好きの日本人にとって、抵抗感は少なかったというより、もしかすると、**無意識的に待っていたしっとり感と軟らかさ**だったのかもしれません。マーケティング的に言うと、**消費者の意識化されていない望みを探り出して提供する**手法になっていました。ここが、大きなヒット要因であり、その後の広がりに繋がって行ったのだろうと思われます。

●バウムクーヘン 比較

	新タイプ	既存タイプ
用途	手土産	贈答
イメージ	作り立て・新鮮	高級感・伝統
販売	作り立て演出 スタジオ感	パッケージ詰 完成度の高さ
食感	しっとり・ソフト	やや硬め

贈答品から“手土産”へシフト

それまでユーハイムの商品に象徴されるように、パッケージに収められた格調高く完成度の高い高級贈答品としてのポジショニング（位置付け）で定着していましたが、クラブハリエのクーヘンは、**店舗型併設工房でスタジオとして見せることにより、作り立て演出が生まれ、手作り感、動的で親しみやすく新しいイメージが形成され、“手土産”のポジショニングを獲得**したのです。

高級贈答品も手土産もギフトのくくりなのですが、贈答品はフォーマル感が大事にされるのに対して、手土産はややカジュアルな感じがあるのが違いでしょう。

手土産には、家族へのお土産も含まれているように、親しい人への肩ひじ張らないお土産といったイメージがあり、格式より贈り手の人柄や気持ちなどが感じられるようなところがあります。そして、**「バウム」ではなく「バーム」にしたことで、軽快感、親しみやすさを演出**できているように思われます。

各種調査などでもわかるように、手土産は菓子にとって得意なジャンルであり、ここでのしっかりした位置づけを確保できれば、強い商品になって行くはずです。

●ギフト類 フォーマル度

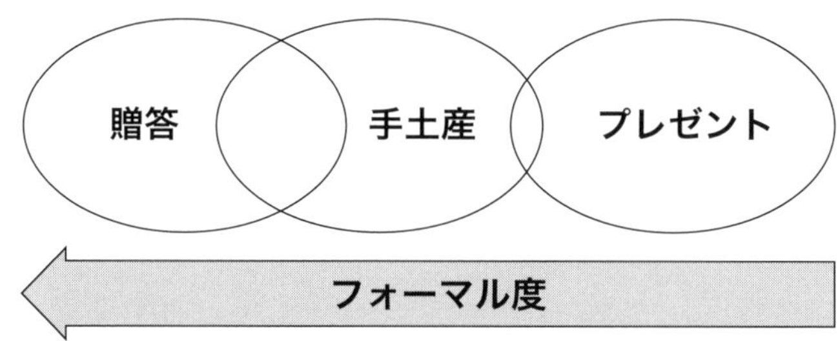

市場の拡大

この後、焼きたてバウムクーヘンが起爆剤となり、焼成機の改善改良などが追い風となったのか、それまで作っていなかった洋菓子店も参入、クーヘン市場は活況を呈し、大きく動き始めたのはご存じのとおりです。この**焼成機の改良によって、クーヘン単品実演販売専門店が生まれ、他業態の中でもコーナーとして実演販売が可能**となり、更に市場が広がって行きました。

その後、ガトーピレネータイプや、抹茶などを使ったバリエーションタイプも出てくるようになり、多彩なクーヘンが市場に出回るようになりました。

また後々、洋菓子店だけでなく、和菓子店にも広がり、驚いたことに卵店、お茶販売店など他業種までも巻き込んで広がって行きました。

クラブハリエの店頭

2023年1月オープン「バームファクトリー」(写真提供／たねやグループ本社)

●バウムクーヘンカテゴリーの拡大始まる

ヒット年

1999年(平成11年)
2004年(平成16年)

◆◆◆

ラスク

◆◆◆

ヒット・ポイント

リーズナブルなのに高質感・高級感

流通菓子から専門店の菓子へ

ラスク（英 rusk）は、元来ベーカリーで売れ残ったパンを再生した商品として作られたものです。人気があったのでしょうか、後代にはラスクを作るための専用のパンを焼くまでになりました。

ベーカリーのスイーツとして生まれたのですから、日本にもベーカリーに伝わったものでしょうが、いつどのように伝来したのか、残念ながら手元資料では詳細は不明です。日本では、片面のアイシングが黄色やピンク、白など、明かるい色の英字ビスケットや動物ビスケットと並び、楽しいおやつ菓子として知られていました。ベーカリーでも売られていたのでしょうが、流通菓子の定番的なお菓子になっていたようです。

その気軽なおやつ菓子ラスクのパンを、上質なフランスパンに変え、アイシングを止めて良質なバターに変え、専門店のお菓子へとアップグレードさせて、ブーム化の好感度アップによって菓子専門店のアイテムへと定着させたのは、画期的でした。**求めやすい価格でありながら、上質感があることは、大きなヒット要因**だったはずです。

ラスク人気高まる

2004（平成16）年デパートで行列のできるガトーフェスタ ハラダのラスクがマスコミに取り上げられ、話題になりました。この時をラスクブーム到来と思った消費者が多かったようですが、第一次ラスクブームとも言うべき先行事例があったことは、意外に知られていないようです。

別表を見てください。1994（平成6）年に山形の洋菓子店シベールがフランスパンにバターを塗って焼いたフレンチタイプの「ラスクフランス」を発売、次第に人気となって行きました。

発売初期頃のしおりによると、「ラスクフランセーズ（後、ラスクフランスに改称）は、はじめの頃、焼き上げ八時間後には店頭から回収される返品のフランスパンを二〜三日分まとめて、いわば二度のおつとめとしてわずかばかりつくって」いたところ、お客様からの「いつも売り切れてしまって買えない」という苦情に応えるため、ラスク専用のフランスパンを焼いてラスクにするようになったと記されています。この記述によると、**ラスクはお客様の要望に応えるために作るようになった**のであり、マーケティング的には、最も自然な商品化と言えるでしょう。因みに、**苦情は消費者ニーズの宝庫**だと言われ、苦情分析から様々なアプローチがなされてきました。

また、ラスクフランスが発売された94年は、**コンビニの焼きたてパン直送便が好調、焼きたてパンが活況になるなど、パン類全般の人気が盛り上がり、パンの家計支出も伸び**ていました。このパン人気は、ラスク発売の追い風になったと考えられます。

ラスクフランス発売時の94年は、バブル崩壊後の景気下降期でしたが、**地道な販促と、素朴な商品設定が時代の気分にあっていたのか、じわじわ人気が高まり、99年ヒット商品に成長**、洋菓子業界でラスクの商品化が広がって行き、専門店アイテムに加わりました。ラスクを販売した店は、東日本に多かったと記憶しています。

ここで、ひとつ大切なことは、専門店アイテムとしての要件です。**品質と完成度**はご存じの通りですが、**専門店商品としての性格作り、こだわりなどの価値付け、菓子作りへの姿勢などが重要**になります。

なお、この後、流通菓子から専門店アイテムへの広がりは、ポテトチップスチョコレートへと受け継がれました。

第二次ラスクブーム

第一次のブームは、1999（平成11）～2000年でしたが、このピーク時2000年に、ラスクブームの中心地であった東日本エリアのガトーフェスタハラダ(群馬)から「グーテ・デ・ロア(GOUTER de ROI)」が発売されました。

ラスク開発の経緯について同社広報室によると、「１９９０年代後半は、バブル崩壊後の景気の悪化やライフスタイルの変化、大型スーパーやコンビニの進出に対応するために、地域社会の枠の中での商売から、全国展開を目指し、通信販売の商品開発を進めていく中でラスクを開発いたしました」とのことです。

興味深いのは、一般的に後発が先発以上に注目されることは難しいと言われているにも関わらず、認知度では先発を上回ったとも感じられるほどになって行ったことでしょう。なぜそうなったのか、そこには何らかのヒントや、学ぶべき点があるのではないでしょうか。

●ラスク 比較

	ラスクフランス	GOUTER de ROI
用途	土産＋手土産	贈答
イメージ	素朴感＜素＞	高級感＜華＞
パッケージ	艶なし 茶色のクラフト紙系	艶（光沢）あり 白のコート紙系 トリコロールカラー
販路	自店、土産店、コンビニ	自店、デパート、SC
食感	やや硬め	やや軟らかめ
発売年 ヒット年	1994 1999（平成11）	2000 2004（平成16）

販売戦略…位置付け作りの工夫

ガトーフェスタ ハラダによると「通信販売での贈答需要を意識して商品開発を進めたことが、結果として、先行するラスクフランスとの差異化ができた」と考えているようです。**専門店表現しやすい「高級感」に振り、必然的に「贈答」狙いとした位置付け**です。この方向性にたどり着くのは比較的容易であったかもしれませんが、「ラスク」というポピュラーな商品を、専門店の高級贈答狙いにどう作り上げて行くか、具体化の難しさがあったはずです。

成功のキーは、**「フレンチ＋リッチ」**にあったと言って良さそうに思われます。なぜなら、**フレンチは、日本人にわかりやすい専門店感・高級感…華やかさや格調につながりやすいイメージがある**からです。

フランス国旗の色であるトリコロールカラー、フランス語と整然とした書体、更に整然としたパターンの繰り返しデザインと光沢など、いずれも伝統感を表現しやすく、記号化しやすいものです。

※拙著『菓子・スイーツの開発法』（旭屋出版）の「素と華」他参照

更に独自の位置付けを獲得できたのは、リッチ感の演出にもつながる販路の開拓によるでしょう。発売時は自店での販売だったでしょうが、**販路を贈答に強いデパートに広げた**ことが大きな力になりました。

最初は、様々なデパートで催事出店を繰り返し、その実績によって、03年頃からデパート出店を獲得して行ったようです。

これによってラスクフランスと違った市場を獲得したことに加え、景気も落ち着き始め、デザイナーズケーキ、ショコラティエ増加など華やかで明るい話題が増え始めた時代の気分にマッチしたのでしょう。

ラスクという**同系統の製品であっても、商品設定によって独自の商品となれる**好例です。

その後、ラスクはパン以外、シュー、ケーキ、バウムクーヘン、カステラなどにも広がり、続々と変わり種ラスクが生まれ、市場がふくらんで行きました。

ラスクフランス

GOUTER de ROI

写真提供／株式会社 原田

Rusk

ヒット年
2010年（平成22年）
コンビニ
ロールケーキ

Roll Cake
個食タイプ
利便性

ヒット・ポイント

たっぷりクリームロールを個装で食べやすく

根強い人気

ロールケーキを好きな人は、『ガトー GÂTEAUX』誌の首都圏女性の嗜好・意識調査（2000～2019）によると、9位になっていました。それ以上に注目したいのは、嫌いだと言う人が少ないことで、嫌いと思われている洋菓子18品目中、下から4番目になっているのです。つまり、誰もが受け入れやすい洋菓子だと言えるかもしれませんし、支持されやすく、ヒットしやすい洋菓子であるかもしれません。

次表を見てください。ロールケーキにまつわる話題は、思いのほか多いのがわかります。

●ロールケーキ トピックス

昭和30年代	「スイスロール」
1979（昭和54）年頃	イタリアンロール
1990（平成2）年	「のの字ロール」
1991（平成3）年	トライフルロール
1995（平成7）年	「純生ロール」
2002（平成14）年	ロールケーキ専門店出現
2004（平成16）年	この頃からご当地ロール人気
2005（平成17）年	6月6日　ロールケーキの日認定
2008（平成20）年	「堂島ロール」
	一重ロールヒット
2010（平成22）年	「プレミアムロールケーキ」
	コンビニロールケーキブーム
2012（平成24）年	ロール1グランプリ
	第1回スイーツコンテスト洋菓子工業会

もうひとつ興味深いのは、発売した店や企業による単独ヒットのものと、ヒット商品と同種のロールケーキが業界に広がって行ったものとがあることです。

イタリアンロール、純生ロール（または生ロール）、ご当地ロール、一重ロール、コンビニロールは、追随する店、企業が増え、市場が拡大して行きました。短期間にこれだけのヒット商品、話題が生まれたということは、ロールケーキが好まれやすいアイテムだからだと言えるのかもしれません。

一重ロール人気

コンビニロールヒットの火付けとなったローソンの「プレミアムロールケーキ」のベンチマーク（基準）にされたと思われるのは、一重ロールのブームを牽引した「堂島ロール」でしょう。関西で03（平成15）年頃発売され、06年頃には人気となって行ったと聞きますが、その後東京への進出など、08（平成20）年には全国的に知られるようになり、ブーム化して行きました。

一般的な**渦巻型でなく、生地は一重で、生クリームがたっぷり巻かれているスタイルは、衝撃的**でした。言うまでもなく、**一重ロールのヒット要因は、ルックスのインパクトはもちろん、それまでに無かったクリームたっぷりのボリューム、格別感・ぜいたく感**でした。専門店のみならず、コンビニにとっても、魅力的商品だと思えたに違いありません。

業界内では、**クリームと生地の物性バランスや、一重で巻く技術などの難問が話題**になりました。樋型の利用などでクリアした店もあったと聞いていますが、コンビニでは、高いハードルになったと想像されます。

素材研究 ＋ 技術開発 ＆ 個食対応

09（平成21）年9月発売のプレミアムロールケーキを開発したローソンに

よると、やはり相当苦労したもののようです。

まずは、たっぷりあるクリームがくどすぎず、すべて食べきりたいほどおいしい魅力ある生クリームにしなければならないことや、ソフトでありながらくずれてしまわない生地作りなど、専門店レベルの味実現には難問山積だったことでしょう。ひとつひとつ素材を追求しながら進めて行ったと聞いています。この**素材の質追求による味のグレードアップは、ヒットの基礎要因**になったと思われます。

更に、一重で巻く技術が無いという問題がある上に、単身者が主要顧客であるコンビニにとって、つぶれそうな軟らかいロールケーキを、個食用にカットしなければならないという更なる難問がありました。ユニークなのは、この解決方法です。

個食サイズのトレーの中に、細長くカットしたスポンジ生地を円形に置き、その中にクリームを絞り込むという**発想転換**で解決を図りました。つまり、巻くテクニックが無いなら、巻く作業をしなくても**同じ形になるよう、容器を開発し、作り方を開発するという柔軟な発想**の成果です。「巻かないロールケーキ」は画期的でした。更に、トレーに入れることで、スプーンを使って食べるという**新しい食べ方の提案**もできたのです。(発売時の個装に「スプーンで食べる」と表記)

この個食対応は、別のメリットをも生み出していました。切れていない棹物のロールケーキと違って、トレーを使った上個装してあるため、**どんな場所でも皆で分けて食べやすいというメリット**です。つまり、**いろいろな集まりや職場などへの気軽な手土産に便利**な商品になったのでした。ローソンでは、後に**手土産用の手提げペーパーバッグを発売した**ことでも、その人気がわかります。**ヒットの爆発力は、個食スタイルの利便性**だと言えるでしょう。

グラフを見てください。プレミアムロールケーキのヒットは10(平成22)年ですが、調査によると**翌11年から13年にロールケーキの好感度が急上昇・突出しているところからも、このヒットのインパクトがいかに大きかったか推**

察されます。

●ロールケーキ好感度 2001～2019年

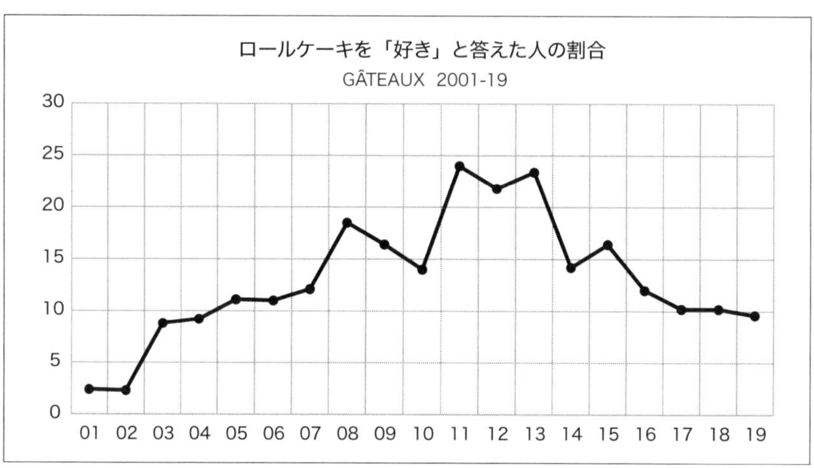

ソーシャルメディアによる初ＰＲ

もうひとつ画期的取り組みがありました。ネットによるＰＲ活動です。当時はまだSNSソーシャルメディアの利用が活発になる前でしたが、ブログが注目され、影響度が強くなってきたことが話題になっていました。

ローソンは、影響力を持ってきたプログに着目、**人気ブロガーを集め、試食会を開き、ＰＲを依頼したのではなく、もしよかったら食べた感想を書いて**ください…という程度に留めたのです。この時参加した人達の中から、何人かが感想をブログに書き、その反響が広がって行ったようです。

従来型メディアによる**企業色の強いワンウェイの広告とは違い、消費者の声が消費者へ、直接伝わった画期的出来事**であり、**ソーシャルメディアの力がスイーツのヒットを後押しした画期的出来事**でもありました。

その後セブンイレブンも、若者に広がり始めたツイッター（現X）を使って渦巻型のロールケーキＰＲを実施し、大きな効果を挙げたことに繋がって行きました。

プレミアムロールケーキ
(発売時個装)ローソン

プレミアムロールケーキ
(トレー)ローソン

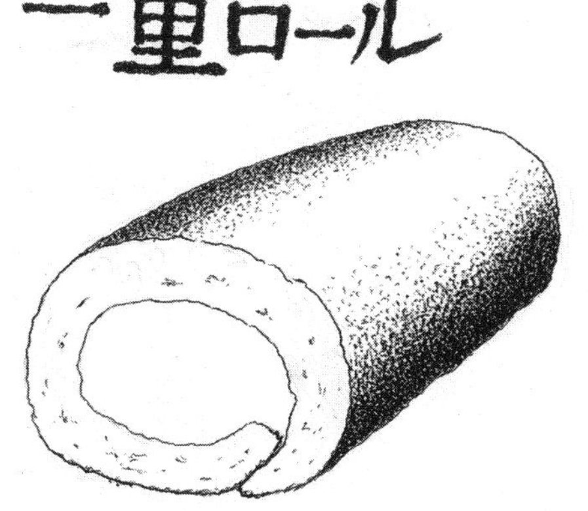

プロローグ
1979年（昭和50年）頃
チョコレート・ウエーブ

Single Plantation
Bonbon
Pavé
High Cacao
70
chocolate wave

ヒット・ポイント

こだわり上質“ショコラ”インパクト

新しい波／本格ショコラ登場

75（昭和50）年頃のことでしたが、ヨーロッパから日本に、クーベルチュール（仏 couverture）など本格的なチョコレートが入ってきました。当時日本では、量産型の板チョコが主流で、初めて見るトリュフ(仏 truffe)などボンボンショコラ(ボンボン・オ・ショコラ 仏 bonbon au chocolat)の形、溶けて行く時のなめらかさと深い味わいなど、正にヌーベル・バーグ（新しい波）であり、新鮮な驚きでした。この、**従来と同じジャンルでありながら、始めて出会う形、味、なめらかさへの驚きこそ、大きなブーム要因**だったのでしょう。

また、**機械生産ではなく、原料素材や製法に、専門性や技術力が要求される手作りであり、作り手が見える洋菓子店の製造販売だったことも、ヒット要因のひとつ**だったはずです。当時、店頭にショコラ専用ショーケースを導入する洋菓子店が急増し、多くの洋菓子店のケーキのショーケースにもトリュフなどボンボンショコラが陳列され、波が打ち寄せるようにブーム化して行ったのは印象的で、後2002年頃からのショコラ専門店出現に繋がって行きました。

菓子業界の日常会話で、「チョコレート」ではなく仏語で「ショコラ」と言うことが増え始めたのは、この頃からだったかもしれません。

更に、当時バレンタイン人気が盛り上がりつつあり、**洋菓子店が手作りチョコでバレンタイン市場に参入、更なる盛り上がりとチョコの高級化の流れを引き寄せたことも、大きな変化**になりました。

生チョコの出現

次のウェーブは、生チョコの登場でしょうか。ブーム化の経緯については諸説があるようで、詳細は不確実ですが、興味深いエピソードがありました。

「石畳」チョコで有名なスイス・ジュネーブにあるステットラーの店頭には、93（平成5）年に御成婚された**皇太子徳仁殿下に、雅子妃が「パヴェ・ド・ジュネーブ（pavé de Genève ジュネーブの石畳）」を贈った**ことを報ずる日本の雑誌記事が展示されていました。雑誌名や日付などをメモできない状況だったことが残念ですが、ご成婚以前の報道だったように思われます。（P.97参照）

石畳タイプの生チョコは、洋菓子店などから話題になり始め、成長を続け、99（平成11）年頃のブームへと拡大して行きました。

ブームの数年前から生チョコが急増、表示の混乱から消費者を守る目的で、**99年４月には、全国チョコレート業公正取引協議会によって「生チョコの表示基準」が決定**されました。ブームの影響がいかに大きかったか想像できます。

「生チョコ」のヒット要因を考えると、トリュフのような**表面を覆う硬めのチョコレートがなく、食べやすいサイズのキューブ形の、独特の軟質食感と、濃厚な生チョコの味が新鮮で、消費者のハートを捉えた**ことにあったのでしょう。

もうひとつ要因がありました。この頃、生クリームをキーにしたヒット・話題商品が相次いでいたのです。**生クリームそのものの味や、生クリームを加えた味などが嗜好のトレンドになっていた**と考えられます。

また、「生」という言葉に対する好感度の高さは知られるとおりですが、「生チョコ」も同様好感度の高い商品として、認知されていました。

その後も生チョコへの好感度は、息長く続いているようです。

●**生クリーム風味人気続く**

92年	生パイ
94年	生どら焼き　生シフォン
95年	「純生ロール」
98年	「なめらかプリン」
99年	生チョコレート
06年	生大福
07年	生キャラメル

新たな局面／素材こだわり・高カカオ

生チョコブームに続くように、チョコレート専門店が増加し始め、これと前後して、海外のチョコレート専門店の日本進出も増加して来ました。

専門店の登場と同時期、2000（平成12）年頃ヨーロッパの新しい波が日本にも伝わって来ました。「**シングルプランテーション**」という、産地こだわりです。カカオは、産地によって香りや味など性質が異なることから、味の個性化をねらう流れになってきたと言えそうです。更に、17年頃からの「**ビーントゥバー**」…豆の仕入れ、焙煎、粉砕などから、バー（チョコレート製品を意味する）まで、ひとつの工房で完成させる流れへとつながって行ったように感じられます。**原料や製法へのこだわりがより一層強くなった**と言えるかもしれません。

一方で、量産型も品質の向上に努めるとともに、新たな流れも出てきました。

95（平成7）年、日本チョコレート・ココア協会主催の第一回チョコレート・ココア国際栄養シンポジウムをきっかけに、**チョコレートの栄養や健康にいい要素など、機能性についても注目される**ようになりました。これらの活動などが浸透していったのでしょうか、05（平成17）年、**カカオ含有量の多い高カカオ（ハイカカオ）チョコレート**が人気になりました。

カカオに含まれるポリフェノールが、動脈硬化の予防や脳の活性化にいいと言われ、食物繊維を多く含むなどの**機能性が注目されて、カカオ分70%以上の高カカオチョコレートの売り上げが増加**して行ったのです。機能の内容から、比較的高年齢の購買客が増加したことで、チョコレートの顧客層が広がったのは、このブームの特徴でしょう。

ここでの**ヒットのキーポイントは、カカオの健康にいいと言われる成分と味**です。それまで、健康にいいと言われるスイーツは、味の面で必ずしも満足できないことが多かったのですが、チョコレートは手を加えなくても成分を損なわないため、味はおいしいままでした。**「おいしいヘルシー」が実現できている**ことが、ブームの息の長さを予見させています。

家計調査（総世帯）のグラフを見てください。その後も、15（平成27）年、乳酸菌入りなどの**機能性チョコレート**が出てきますが味を損なうことなく、チョコレート市場全体が伸び続けています。

●チョコレート 家計調査（総世帯）2002〜2021年

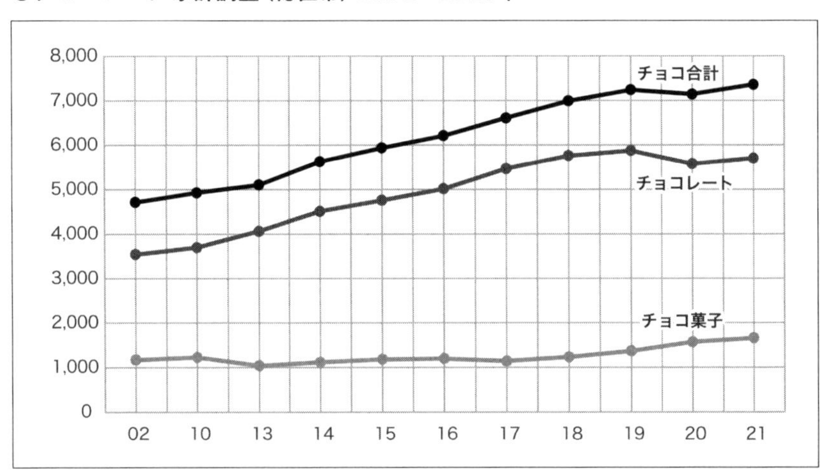

生チョコ　パヴェ・ド・ジュネーブ
ステットラー

サロン・ド・ショコラ　2000年

多種多様なカカオビーンズ
ベルナシオンにて　2002年

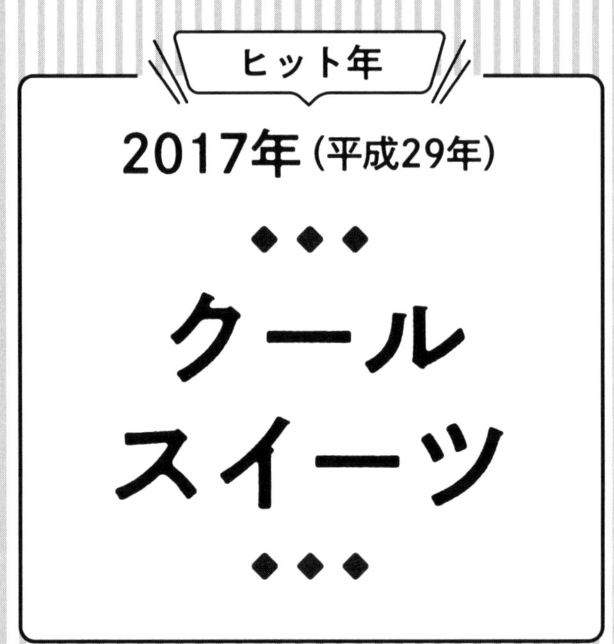

ヒット年

2017年（平成29年）

クール
スイーツ

ヒット・ポイント

猛暑、高気温で 消費者が牽引

気温上昇とスイーツ類の話題

近年の気象状況は、温暖化というより高温化と言いたいくらいになっています。次頁の気象庁発表のグラフを見てください。平均気温は確実に上がり続け、特に1990年代以後の上昇度合いは、急激になっているのがわかります。また、猛暑が続き、特に猛暑日の連続した2015（平成27）年前後頃には、「亜熱帯化」を心配する声まで聞こえてきたのが印象的でした。

この傾向に連動するように、アイスクリーム類の販売金額が上昇し続けているのがわかります。更に猛暑となった2010（平成22）年や、15、16年には、一段と伸びていました。

●アイスクリーム類・氷菓 販売額（アイスクリーム協会）2006～2020年度

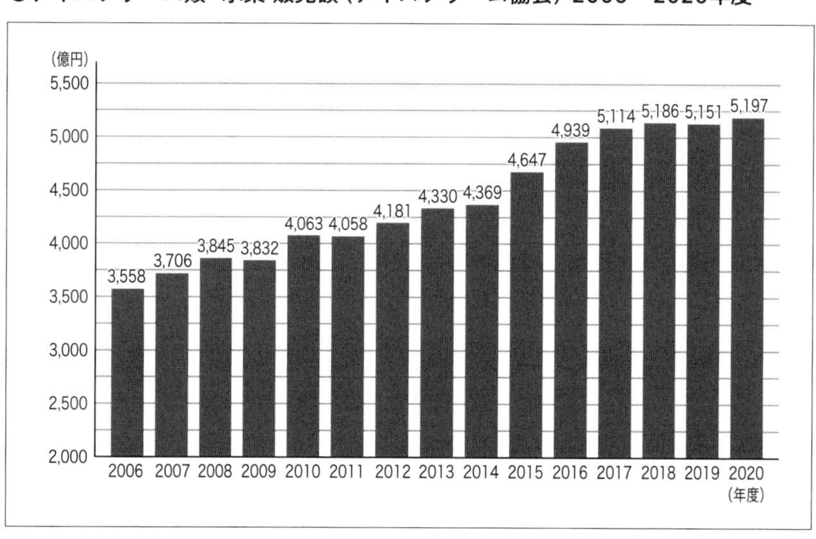

また、気温上昇が続いていたことが原因でしょうが、猛暑の年をきっかけにして、クールスイーツ系の話題が増えてきました。**気温は、嗜好に大きな影響を与え**ます。近年、東南アジアやハワイからの人気商品が増えているのは、日本の高温化によるものなのでしょう。筆者のメモによると、10年以降、毎年のようにクールスイーツ系の話題が出ていました。年表を見てください。この10年間、多様、多彩なクールスイーツが登場したことがわかります。

元来、夏期には菓子類が売れず、対応に苦慮してきましたが、気温上昇が続いていたこの時期に話題となった多様、多彩なクールスイーツの状況を菓子類中心にふり返り、検討することで新たな対応方向が見えてくるかもしれません。

※気温が25℃を超えるとアイスクリーム、30℃以上は氷菓子、35℃以上では清涼飲料が売れる。

●日本の年平均気温偏差　気象庁

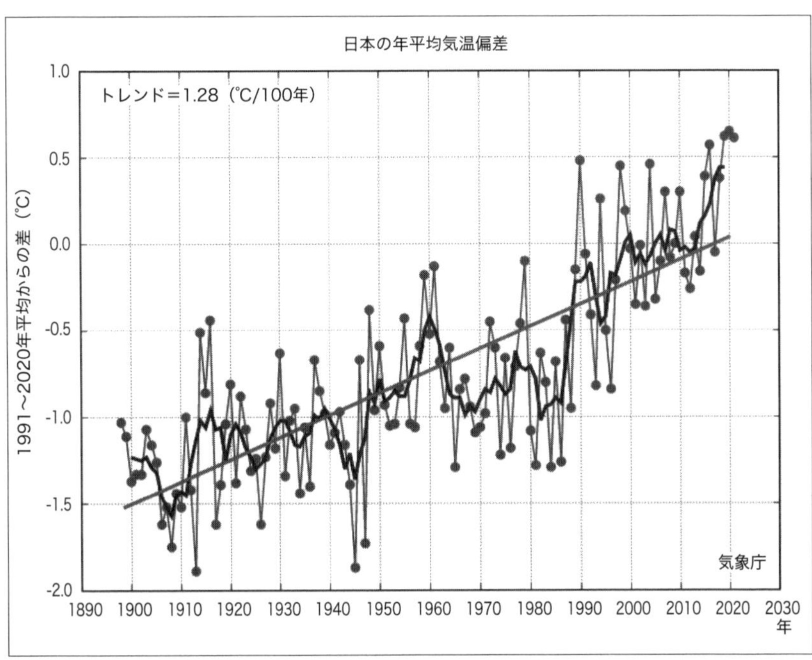

●クールスイーツ類話題年表 2000〜2020年

01年	トルコアイス
08年	フローズンヨーグルト
10年	牛乳寒天
11年	塩スイーツ(猛暑塩分補給)
12年	ひんやりスイーツ カタラーナ、フローズンケーキ 冷やし食品(スイーツ含む) ミントスイーツ
13年	氷菓
14年	かき氷 流通菓子冷凍食 ※「亜熱帯化か」話題
15年	かき氷ふんわりタイプ 冷凍スイーツ(半解凍食)
16年	コールドドリンク フラッペ、シェイク 冷凍みかん(皮むき済み) ご当地かき氷
17年	冬アイス しめパフェ チョコミント
18年	溶けにくいアイス
19年	タピオカドリンク
20年	冷やし焼き芋(冷凍)

涼感スイーツ

アイスクリームのように冷たくできない菓子類に、ミントを使ったり、アルコール系の糖類を使ったりすることで、涼しさを感じさせるスイーツが出ていました。包材類のデザインなど視覚的涼感演出は、それまでも工夫されていたでしょうが、**風味や食感で涼感を出す**工夫は新鮮でした。昔からあるものでは、日本のはっかを使った菓子も同系かもしれません。

涼感ではないのですが、汗によって失われる塩分補給を目的としたキャンディーなどの塩スイーツも、猛暑対策になっていました。**機能性スイーツの一種**と考えられるでしょう。以前も塩スイーツはあったのですが、塩分補給を目的としたものではありませんでした。

冷やして食べる

ケーキでは通常のことですが、**焼き菓子を冷やして食べる**ことを広告やしおりに表現する流れも広がって行きました。この流れは、以前も一部にありましたが、今までと違うのは、菓子業界の多くが同調したことです。

手元にある資料によると、流通菓子は12（平成24）年の新聞記事、菓子店は15（平成27）年の広告に「冷やして食べる」ことが記されています。**10年の猛暑を経験し、11年3月の東日本大震災の影響で、11年、12年の夏は節電を余儀なくされ、「冷やす」食べ方に関心が集まった**のでしょう。

11年頃、麺類にかき氷をかけたり、カップ麺に氷を入れたりして食べることや水茶漬けなどの**「冷やし食」人気が、スイーツにも波及した**ものと思われます。

興味深いことに、菓子業界の**最初の頃は「冷やしてもおいしい」という消極的言い方が多かったのですが、年を経るごとに、「冷やすとおいしい」という表現が増え、その後商品によっては「冷やすといっそうおいしい」とまで言う**菓子店も出てきました。**スイーツ業界の意識変化**が感じられます。

半解凍で食べる

15（平成27）年に、また猛暑となったのですが、この年冷凍スイーツの半解凍食が話題となりました。

この少し前の**11年頃から、スマートフォンが急速に普及し始め、13年にはスマホ世帯普及率が6割を超え**、これに合わせるようにフェイスブック、ツイッター、インスタグラム、LINEなどのSNSソーシャルメディアが揃い、利用者が増え尻上がりに盛んになって行きました。猛暑の最中、その**SNSで冷凍ケーキ半解凍食のアイスクリームのようなおいしさが話題になった**のです。この情報は、次第に広まり人気が高まり、冷凍に対する菓子業界の認識も変わって行ったように感じられました。**12年には、「ひんやりスイーツ」としてカタラーナ、テリーヌなどのフローズンケーキの販売が増加し、広告などに「半解凍で」と言った表現も増えて**きました。和菓子では、凍らせても硬くならないため凍ったまま食べることを推奨するものまで現れました。

今回の**「半解凍食」は、消費者が牽引してトレンドを生み出した典型例**と言えるかもしれません。**いよいよ双方向コミュニケーションの時代に入った**ことを感じます。

因みに、菓子の冷凍食は、いつ頃から始まったのでしょうか。筆者が1979(昭和54)年6月に書いたコラムで、若者向けの雑誌『ポパイ』に、「この夏は何でも凍らせて食べよう。ケーキも冷蔵庫のフリーザーで凍らせて食べると、冷菓と同じような口あたりで、あと味は、さわやかな甘さが残る」と記されていることを紹介しました。いつから始まったかは不明ですが、**1979(昭和54)年頃には、ケーキを冷凍して食べる人がいた**ことになります。

気温が嗜好を左右することは周知のことですが、気温上昇が常態化しそうな昨今、改めてこの対策に取り組まざるを得なくなってきました。また、農産物等の産地も変わってきそうですので、菓子作りについても、見直さざるを得ないかもしれません。

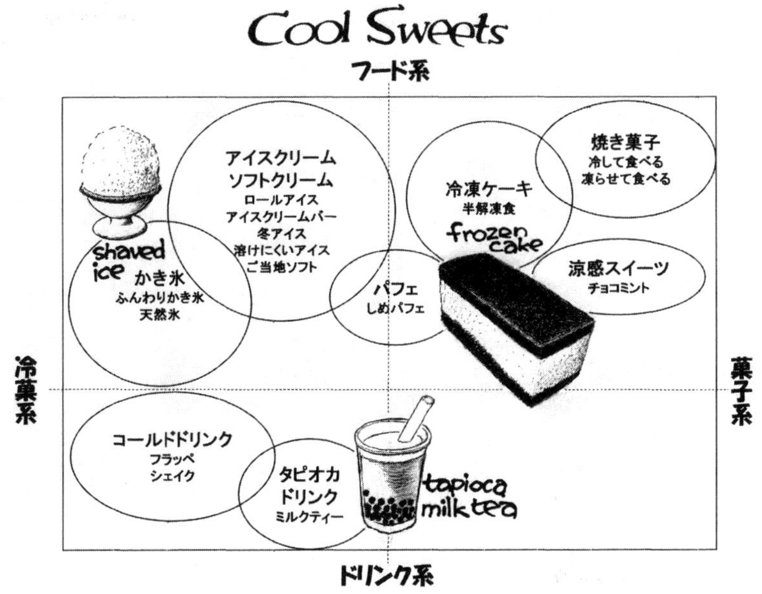

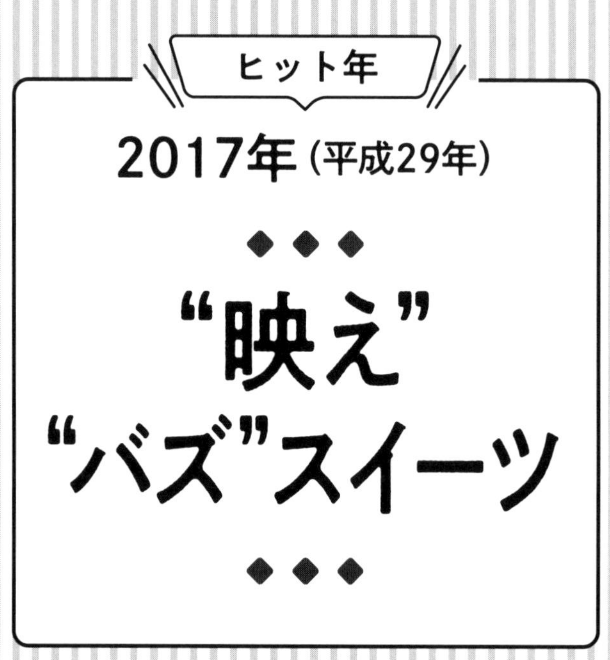

ヒット年

2017年（平成29年）

“映え”
“バズ”スイーツ

ヒット・ポイント

ネットで話題沸騰　感覚消費

ネットの情報伝播力・拡散力

インターネットの情報伝播力の大きさは、改めて言う必要も無いほどですが、ヒット商品や流行も大きく動かされ、スイーツもネットの影響を強く受けてきました。**ネット利用人口が７割を越えた2005(平成17)年以降影響は目立ち始め、スマホの世帯普及率が６割を越えた2013(平成25)年以降には、世相・世情を動かす大きな力**になっています。

ネットやスマホの利用は、大きな情報伝播力を獲得しただけではありません。マスコミに頼らず、**個人が気軽に、社会に向けて情報発信できる方法を獲得したのは、画期的**でした。

ネットの影響力を利用して、ヒットに結び付けた最初のスイーツは、コンビニロールケーキでしょう。コンビニロールケーキの項でも紹介しましたが、ローソンは、発売前に当時人気のあったブロガーを集めて試食会を開き、ブログに感想を書いてもらったことから、人気に火がつきました。09（平成21）年のことです。また、セブンイレブンは10年にロールケーキを準備できた地域別に発売したため、売られている地域はどこか、どこの地域がいつ発売になるのかツイッターで情報が飛び交うなど盛り上がり、ヒットしました。

この手法は、バズマーケティングと呼ばれているものです。**バズ（buzz）は「蜂がブンブン飛ぶ音」を意味し、バズマーケティングは本来「ロコミなどによって、噂話を誘発する宣伝活動」のこと**で、古くからある手法なのですが、現在では**SNSなどを通じて、短期間に世の中に広がること（バズる）をも含めた意味**になっています。また、マスコミ報道による伝播（**パブリシティ**）を期待して情報・話題提供（ニュースリリース）することも、古くからある手法ですが、広い意味でバズマーケティングに含まれるように考えられます。

※P.109参照

インスタ映え…「映える」

携帯・スマホの普及は、様々な社会現象を引き起こしています。2000（平成12）年に始まった**写真を撮って送る「写メ（写真メール）」は、「映える」ブームを生み出し**ました。

それまでは、カメラを持っていなければ写真を撮れませんし、普通のカメラは撮ってもすぐにはプリントできず、写真を送るのには時間も手間もかかっていました。ところが、いつも持ち歩いている携帯・スマホがあれば、気軽に写真が撮れて、すぐに何人にも送ることができるようになったのですから、**画像を見せ合い、画像を共有しようという欲求が強まり、画像コミュニケーションが盛んになって行った**のでしょう。**「写メ」がブーム化し、見映え・写真映え（フォトジェニック）を工夫するようになって「映える」ブームに繋がって行く**のは、自然な流れかもしれません。

この流れは10年にサービス開始した写真・画像中心のSNS「インスタグラム」の拡大にもリンクして、広がって行ったのです。また、インスタ以外も同様な流れとなり、その後、動画サイトが使えるようになると、「動画映え」も人気となって、**画像コミュニケーションが拡大**して行きました。

当初話題になったのは、食事・料理系のジャンボサイズものが多かったようですが、スイーツ系も徐々に増加して行ったように記憶しています。

「インスタ映え」が流行語大賞になった17（平成29）年には、様々な「映えスイーツ」が話題になりました。

スイーツの「映える」には、大別すると２種類があります。

①商品そのものが映える

奇抜なデザイン、おしゃれ、カラフル、ビッグサイズなど

②背景で映える

変わった背景、ドラマチックな環境、　物語の背景風のもの等

①商品そのものとしては、ケーキで作った動物や花、レインボーカラー風のケーキ、派手な色のケーキ、フルーツ山盛りのケーキなど目立つ色・意外な形のケーキや雲のように盛り上がったふわふわかき氷等ビッグサイズスイーツ等々が話題になっていました。

②背景としては、遊べる背景・おしゃれな風景やインテリアの前でスイーツを楽しむ姿が写真に撮れる場所、チョコレートで作ったジオラマなど、写真映えしそうな背景が人気になりました。

ビジュアル・バズとも言えるでしょう。まさに**感覚消費**です。

話題沸騰…「バズる」

「バズる」という言葉は、「インスタ映え」が流行語大賞となった17年頃から使われ始めていたようです。よく利用される**SNSのサービス開始は、04年フェイスブック、06年ツイッター（現X）、10年インスタグラム、11年ラインLINEですので、この頃には環境は整っていた**ことになります。

翌18(平成30)年、平昌オリンピックの女子カーリングで、日本チームの休憩時「もぐもぐタイム」の報道が話題となり、SNSでは、そこで食べられた苺やチーズケーキ「赤いサイロ」が人気となって、ヒットしました。

19年には、アメリカNBAのプロバスケットボールチームに入団した八村塁選手がお土産のあられ「白えびビーバー」をおすそ分けしたところ、おいしいとチームメイトがインスタグラムに投稿したことからバズり、海外からも注文が入るなど人気が沸騰、一時品切れになるほど売れたようです。

また、同じ19年に、森永製菓が、最盛期より売れなくなった自社商品を取り上げ、「ベイク買わなくなった理由」を１件100円で買うとツイッターで募集したところ、応募が殺到し、１日で予算オーバーとなって募集を終了したことがありました。まさにバズったのです。

事例を見て行くと、**「映える」はモノ中心型のヒットであり、「バズる」場合はモノ＋話題がヒットになっている**ことがわかります。ここが肝要なポイントです。**映える場合は「視覚」が重要ですが、バズる場合は「話題性」が重要**になってくるのです。

グラフを見てください。調査年によって多少の変動はありますが、洋菓子と洋菓子店の情報源は、インターネット、口コミ、テレビが上位を占めています。バズりやすい志向傾向になっていると見ることもできるでしょう。

●洋菓子・洋菓子店　情報源
首都圏女性意識調査　GÂTEAUX

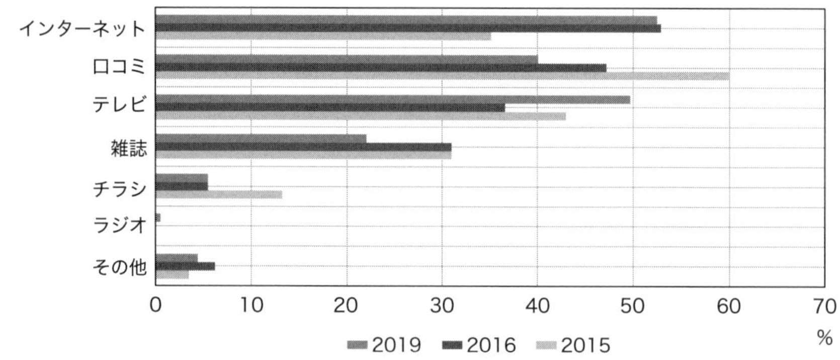

熱一気に

インスタ映え ブームいつまで?

写真より「動画映え」

SNS投稿急増

綿菓子

「リンゴ」出現

表面張力スイーツ

盛り上がる

「おっとっと〜」

映えスイーツ新聞記事　日経MJ、朝日新聞

ヒット年

2020年（令和2年）

◆◆◆

withコロナ スイーツ

◆◆◆

ヒット・ポイント

ショック回避　癒し・楽しみ欲求

パンデミックショック

世界が受けた大きな衝撃…しかも日本にとって初めてとも言うべき感染症パンデミックで受けたショックによって世の中はどう変化し、生活者はどう反応したのでしょうか。

コロナショックで激変する時代を見つめ、ヒット・話題商品から消費者に支持された傾向を捉え、社会的なショック時に何が求められるのか、記憶が薄らぐ前に検証することは大切なことであるように思われます。

新型コロナウイルスのニュースが伝わった**2020（令和2）年**初め頃、これほど大きく影響されると思っていなかった人は多かったかもしれません。が、同年２月のダイヤモンド・プリンセス号感染者問題、**４月に７都府県に緊急事態宣言が発出され、同月中旬には対象区域が全国に広がる**など、日を追うごとに緊張感が高まり、社会生活は急激に変わって行ったのはご存じのとおりです。

こういった状況下、菓子業界も大きく影響を受けました。2020年、**全日本菓子協会のデータによると、洋生菓子の生産高は前年の90%、和生菓子は86%と大幅減**になってしまいました。

ただし、**家計調査（総世帯）では、洋生菓子への支出は前年比100.02%と安定、和生菓子は前年の90.6%に減少**と言う結果になりました。

２つの調査結果の違いは、土産の不振が大きく影響したものと考えられています。

※洋生菓子、和生菓子共に、半生菓子を含む。

菓子に求められた…癒し

市場状況を見ると、外出自粛によって、土産、ギフト系の商品が打撃を受け、訪日外国人の減少で土産は更にダメージを受けてしまっていました。また、外出自粛や感染リスク回避から遠出が嫌われ、“３密*”を避けたいという消費者心理から、大型商業施設や商店街などに人が集まらず、売り上げ不振に陥っていました。

＊**３密**＝密閉、密集、密接を指す。

そんな厳しい状況のなか、**住宅地近くの洋菓子店は堅調**だったと聞いています。家計調査の洋生堅調の数字はこれを表しているのでしょう。和菓子への支出が減ったのは土産やギフト、催事の売り上げ比率が高かったからであり、洋菓子への支出が堅調だったのは日常消費に強かったからだろうと思われます。このことから、消費者が、無意識的にも**コロナストレスから逃れるための「和み・癒し」を洋菓子に求めていた**と考えられるのではないでしょうか。**なじみのあるお菓子好調、昭和レトロ人気**などは、この現れでしょう。

「和み・癒し」を菓子類に求めるのは、今までの災害時にも話題になりました。菓子類の最も大切な要素だと言えるように思われます。

かつて日本から伝わったカステラの台湾進化形**ふわふわ「台湾カステラ」やわらび餅**など**「ふわふわ柔らか食感」は和み・癒しを求める消費者心理にフィットした**ものと思われます。

洋菓子には少なかったのですが、和菓子の分野で注目されたのは「**アマビエ菓子**」でしょうか。**アマビエは、江戸時代の言い伝えで、疫病を予言する妖怪と言われたことから、その姿絵を持つと災厄を逃れられると信じられていた**ものです。「和み・癒し」につながる**「お守り（守り）」菓子**と言った位置付けになるでしょう。

“安全”に“楽しむ”…おうち需要

外出自粛は、リモートワークやリモート授業に結び付き、在宅時間が長くなって、消費行動は「**おうち需要**」が増大して行きました。

販売形態は、宅配・置き配が好まれ、ネット販売、お取り寄せ、デリバリーなどの話題が増え、「**非接触販売**」が人気となり、**販売は「衛生的・安全性」が絶対必要条件化**して行ったのです。ポジショニングイラストマップの右下部分を見てください。様々な工夫・改善がなされてきたことがわかります。

消費者は**お菓子類の形態にも「安全性」を求め、個装ものが好まれ、手で直接お菓子を持たなくても食べられるものが人気**になりました。ウイルスに対する危機意識が強まれば強まる程、**まずは安全に、身を守りたいと言う本能**も強く働くのでしょう。

安全性と同時に、癒し・和みを求めた消費者が、次に求めたものは「**楽しみ**」でした。スイーツを作るための材料が売れ、お菓子作りのキットが人気になりました。**スイーツ作りを家で楽しむ**人が増加したのです。スイーツ作りをあまり知らなくても、子供も一緒に家族で楽しめる趣味として、広がって行きました。

また、旅行が自由にできないことから、**地域への関心が高まり、バーチャル（仮想）旅行など旅行したつもりで楽しむ「旅気分スイーツ」**も人気になりました。**地域銘菓や土産菓子のお取り寄せが増加**したのです。この流れは**「ご当地スイーツ」への注目度を高め、地域おこしのスイーツへの期待度が高まる**ことへとつながって行きました。**スイーツを地域おこしのシンボルや重要なアイテムと位置付けるムーブメントが起こってきた**ように感じられます。

これに呼応するように、各地の菓子協会などが、菓子店の代表商品の詰め合わせや、他の名産食品と詰め合わせにして販売するところも増えました。家族数が減少している今、詰め合わせを工夫することで、フードロスを出さない商品が設計できるかもしれません。主目的ではないですが、SDGs*…サステナブル（持続可能）につながるものとしても、喜ばれそうです。

＊**SDGs**＝Sustainable Development Goalsの略。「持続可能な（よりよい世界実現のための）開発（国際）目標」のことで、17のゴールが設定されている。

21年になってヒットしたローマ発祥と言われるマリトッツォも、サンドクリームの**映え・バズ（話題沸騰）ねらいの、意外なほどのボリューム感を楽しむことが人気**となり、同じようにサンドクリームなどを分厚くしたクッキーサンド、どら焼き等も話題になっていました。**断面を楽しむ“萌え断”フルーツサンド**も、このくくりに入るでしょう。

キーファクター

21年10月時点での分析は、前述のとおりであり、ヒット・話題商品とそのファクター（要素）は別掲のポジショニングマップにまとめてみました。更に**要約するとキーファクターは「癒し」、「楽しみ」と「安全」**になるでしょう。ヒット商品の傾向は、この**要素と、社会的ショックの種類、時代性によって決定付けられる**ことになると考えられます。

今後、コロナが収束に向いながらの変化、アフターコロナの状況はどう変化して行くのか、何が求められるか注視し続ける必要があるでしょう。

※初稿は21(令和3)年10月、後に補正した。

日経MJ
トレンド
マリトッツォ
映えボーノ!!
ローマ発祥 生クリームたっぷり
アレンジ簡単 家でも手軽に
我慢の備蓄→手作り満喫
子供在宅、ケーキ材料膨らむ

withコロナスイーツの一部　日経MJ

●"With Corona" Sweets '20〜'21

楽しむ

・旅気分スイーツ
・手作り菓子キット
　おうち時間を楽しむ
・バズ（話題沸騰）スイーツ
　マリトッツォ
　萌え断フルーツサンド
・安らぎ
　なじみのあるお菓子
　昭和レトロ
・ふわふわ柔らか
　台湾カステラ

・オンライン茶話会スイーツ
・リモート訪問お届け菓子
　仮想手土産宅配
・メッセージスイーツ

癒し　　　　**安全性**

・アマビエ・厄除け菓子

・機能性スイーツ
・個別包装
　菓子に直接手で触れない
・ポスト投函ギフト

・非接触販売
　ネット販売、宅配・置き配
　ドライブスルー、窓口販売
　セルフレジ、自動販売機
　キャッシュレス

守る

時代の予兆

◆◆◆

昭和ヒットスイーツ（戦後）

◆◆◆

レイズンウイッチとバターサンド

1970年代に話題となっていた「レイズンウイッチ」は、終戦の翌年…1946（昭和21）年に発売されたと記されています（レストラン・代官山小川軒HP）。当時は、敗戦の痛手から復興することに手一杯であり、スイーツを楽しめる人は、極一握りの人たちだけだったでしょうから、一般の人たちが食べられるようになるまで、かなりの年月が掛かったのではないでしょうか。

●戦後の経済・世相上のトピックスを挙げると、

59（昭和34）	明仁親王美智子妃ご成婚
	岩戸景気
61（昭和36）	レジャーブーム
64（昭和39）	東京オリンピック　新幹線
66（昭和41）～70	いざなぎ景気
70（昭和45）	大阪万国博
72（昭和47）	札幌オリンピック
73（昭和48）	円変動相場制　第一次オイルショック
75（昭和50）	沖縄海洋博　紅茶キノコブーム
79（昭和54）	第二次オイルショック

景気の上昇に導かれるように、じわりと広がって行ったのではないかと想像しますが、70年代の後半頃には、菓子業界で話題が広がって行ったのでしょう。同種の商品が各地で生まれました。後発の商品は「レイズン」ではなく「レーズン」と表記しているものが多いようです。

レイズンウイッチの人気要因は、**程よい厚みのクッキーに、たっぷりのバタークリームとラムレーズンとのしっとり感あるバランスの良さ、上質な風味のおいしさ**のインパクトだった記憶があります。

レイズンウイッチ人気は、77（昭和52）年に発売された「マルセイバターサンド（北海道・六花亭）」へとつながって行ったのでしょう。マルセイバターサンドもヒット商品となり、その後の「バターサンド」「レーズンサンド」の流れへと発展、根強い人気アイテムとなって行きました。

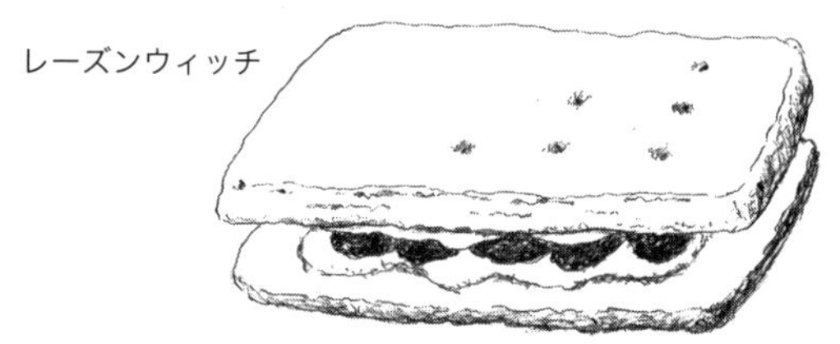

ラングドシャ チョコサンド

1976（昭和51）年に発売された「白い恋人」は、70年代後半頃、北海道土産として人気となって行ったように感じますが、そのヒット要因は、当時の**トレンドの取り込み・組み合わせの巧みさ**にありそうです。ご存じのように、後の北海道土産のトップブランドとなり、影響を受けた商品が、各地でたくさん作られています。

北海道では雪のイメージがあるせいか土産として68（昭和43）年頃から販売されていた**ホワイトチョコレートに人気**が集まっていました。また、75年頃、ヨーロッパから高品質チョコレートが伝えられ、高級チョコレートが起爆剤となって**チョコレートの人気が高まっている追い風**が吹いていました。

一方、当時ヨックモックから販売されていた**ラングドシャにスイートチョコをコーティングしたものが人気**となっていました。話題商品になっていたのですが、持って食べているうちに、チョコレートが手について気になる人もいるという弱点がありました。

これらの流れを上手に受け止めたものが、「白い恋人」だったと言えそうです。手を汚さず食べるためにチョコをコーティングするのではなくサンドし、そのチョコを北海道イメージのホワイトチョコにしたのです。更に、チョコレートを塗るのでなく、**ボリュームのある板状のホワイトチョコをサンドして、充足感を持たせた**ことも良かったかもしれません。その後の支持の長さをみると、優れた商品設計であったことがわかります。また、一般的に観光土産は洋菓子であっても和風に仕立て、ご当地色を強く出すものが多かったのですが、パッケージは英文を使った缶入りもあり、個装は雪の結晶のデザインで２種…ホワイトチョコの紺とスイートチョコの白に紺の線描とのモノトーンで洋風に仕上げ、北海道色を直接的に押し出すことはしませんでした。このデザインやネーミングが奏功したのでしょうか、対象とした**観光土産だけでなく、手土産へ広がりが持てる設定**となっていて、より広い市場を獲得できたのも、新たな可能性を示した商品となりました。

更に、ネーミングの魅力がもうひとつあります。72(昭和47)年札幌オリンピックの前の68(昭和43)年グルノーブル冬季五輪の記録映画「白い恋人たち(邦題)」のイメージがプラスに働いたと考えられるからです。発売元の石屋製菓によると、ネーミングの由来は当時の会長が降り始めた雪を「白い恋人が降って来た」と言ったことによると言われているようです。いずれにしても、**詩情のある魅力的なネーミング**でしょう。

ラングドシャチョコサンド

レアチーズケーキ

1980(昭和55)年ヒットのレアチーズケーキは、**プリンを除いて、デザート系のケーキを洋菓子店が作るようになった最初**かもしれません。画期的商品でした。デザート系クリーム菓子なのに容器入りタイプではなく、生地ものレイヤー(層状)ケーキに多いトルテなどのカットケーキタイプが多かったことも少々変わっています。

発祥や伝わった経緯は不詳ですが、**女性雑誌に取り上げられて話題になった**ようです。話題になり始めた頃、洋菓子店への情報が少なかったのか、多くの店では、「レアチーズだから生のチーズを使ったケーキだろう」というような反応だったのが印象的でした。おもしろいことに、レアチーズケーキの名前は和製語でした。

更に興味深いことには、機を合わせたように翌81年頃フランスから日本に、ムース類が伝えられ始め、その後の**デザートブームへの先駆けになった**と思われることです。ティラミスヒットへの最初の布石になったと言えるのかもしれません。

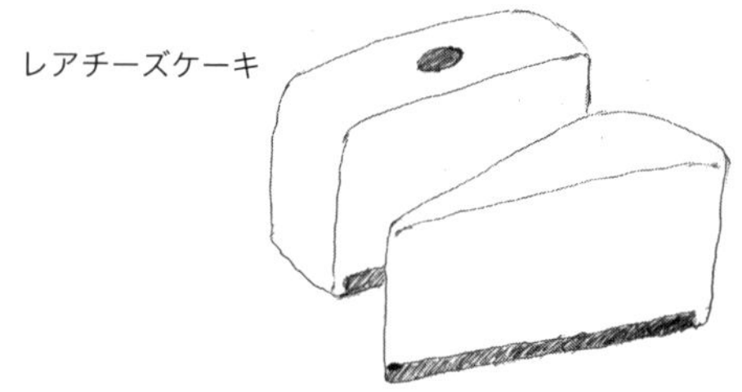

100円ケーキ

ブームは1982（昭和57）年でした。当時、ケーキが100円で販売できると思っていた人は、ほとんどいなかったはずであり、その**価格常識をくつがえした100円ケーキの出現は驚き**でした。更に100円ケーキを販売する店の多くは、全品100円にする店が多く、**「全品100円のケーキ」のインパクトは衝撃的で、100円ケーキ専門店の前には、行列が絶えません**でした。

なぜ、100円ケーキは登場してきたのでしょうか。ブームの渦中、「新しい低価格の波」を特集した雑誌『ＰＣＧ』82年12月号によると、「東京商工会議所の調査によると、最近の一般家庭で、一世帯が洋菓子を買うのは40日に1回」であり、**「洋菓子が一般家庭から離れつつある」という危機感が、低価格…100円ケーキ発売の動機**だと記しています。**デイリーユースへの対応**ということになります。同誌によると、経済は「成長から一転して低迷」期であったことが背景にありました。

それまで、一般的にシューやプリン以外のケーキ類は、デイリーユース…おやつ菓子に見られてはいず、消費者は、100円ケーキを身近に感じたでしょうし、100円ケーキが、**おやつ菓子の位置付けを切り開いた**のかもしれません。おやつ市場の可能性と大きさを気付かせてくれました。

100円ケーキが実現できたのは、素材の仕入れ価格管理の徹底は当然として、アイテム数は、定番的なケーキに絞って少なめにし、大量販売することで利幅が少なくても利益が出るようにしたことが大きかったようです。更に、サイズはやや小さめ、デザインはシンプルにして余計な飾りを省き、機械生産できる部分は機械化し、合理的製法で手数をあまりかけず、**徹底した低コストで作った**ことで可能となったと聞いています。

参考までに記しておきますが、次に登場する価格訴求スイーツは、06（平成18）年の10円まんじゅうでしょうか。話題になりましたが、その期間は短かったようです。

カスター饅頭 & ケーキ

カスタードクリームをカステラ生地で包んだカスター饅頭「萩の月（仙台銘菓）」が、1983（昭和58）年頃人気となり、同系商品「～の月」が全国各地で作られ、カスター饅頭が全国に広がって行きました。77（昭和52）年に「萩の月」を開発した宮城・三全によると、**洋菓子店の売り上げトップであるシュークリームと贈答の定番カステラを組み合わせた**とのことでした。カスター饅頭は、その後も和菓子業界の人気定番商品として、売れています。

カスター饅頭が話題になった同時期、75（昭和50）年頃にパイ饅頭（あん包みパイ）も人気になっていました。この頃和洋折衷型饅頭に関心が高まっていたのかもしれません。和洋折衷スイーツ最初のヒットと言えるでしょう。

カスター饅頭人気に刺激されたのか、洋菓子系でも70年代頃から、**カスターケーキ**を販売する店が出始めました。その流れを受けて、鎌倉ニュージャーマンから「かまくらカスター」が83（昭和58）年に発売され、ヒットへとつながって行ったようです。**日本人のカスター好きがよくわかる**事例でしょう。

また、洋素材フィリング饅頭は、その後95（平成7）年のチーズまんじゅうへとつながって行きました。

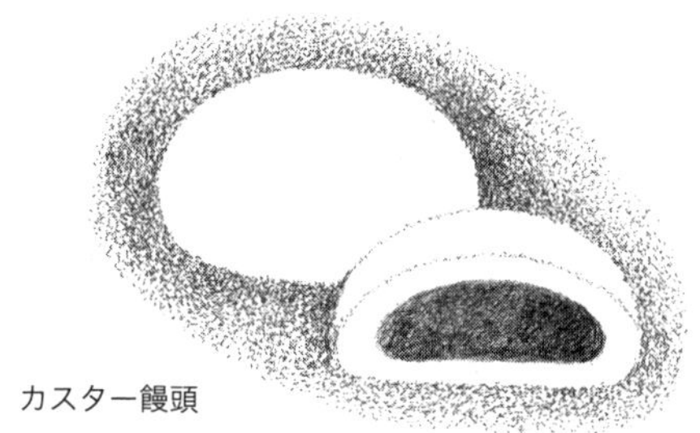

カスター饅頭

いちご大福

85（昭和60）年、東京新宿・大角玉屋が「いちご豆大福」を発売しました。洋菓子の売れ筋、ストロベリーショートケーキのイメージが強い、**洋風のフルーツ苺…それも生のまま、丸ごと大福に入れてしまったのは衝撃的**で、大きな話題となりました。（発祥の店は、他説もあるようです）

玉屋によると、**「洋菓子ではいちごが最もポピュラーなのに、和菓子にはなぜないのかという疑問」から作った**のが、開発のきっかけでした。（86.10.20日経流通新聞）

その後、豆大福の他、粒あんや白あんなどのものも登場し、丸ごと包み込むものだけでなく、大福に切り込みを入れいちごを差し込む形などのバリエーションが増えるなど、和菓子店の定番的な商品として定着するほどになりました。

また、平成後期には、愛媛の清光堂からまるごとみかん大福が発売され、更にフルーツの種類が増え、今ではフルーツ大福という新しいジャンルを形成、トマト大福のようなものも生まれ、**あんとフルーツの組み合わせだけでなく、あんの組み合わせの新しい可能性を広げ**たと言えるかもしれません。

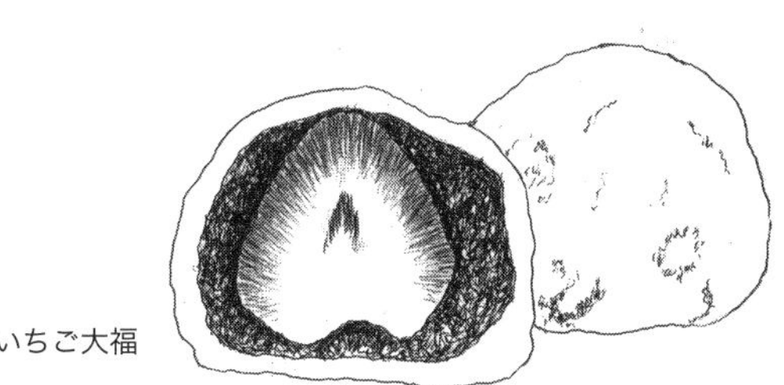
いちご大福

◆◆◆

ヒット
スイーツ・
世相年表

◆◆◆

※本表のスイーツは、広い意味に捉えている

年	ヒット・話題スイーツ	世相・出来事
1989 平成元年	果汁グミ	平成改元 1月8日 ピーチ現象 イタめしブーム 「はちみつレモン」 消費税始まる　3% CM「24時間戦えますか」
1990	ティラミス チーズ蒸しパン	大阪・国際花と緑の博覧会[花博](4月) エコロジー（環境）への関心高まる
1991	クレームブリュレ 「まるごとバナナ」 グミ	バブル崩壊始まる [バブル景気ピーク88～91/2] バナナ現象
1992	焼きたてチーズケーキ／専門店登場 チェリーパイ	もつ鍋 米TVドラマ「ツインピークス」（チェリーパイ）
1993	ナタ・デ・ココ パンナコッタ ポテトアップルパイ 焼きプリン 水まんじゅう ケーキバイキング	TV「料理の鉄人」スタート(～1999) フジ 徳仁皇太子、小和田雅子さんご成婚(6月) ポケットベル 屋台村

年	ヒット・話題スイーツ	世相・出来事
1994 平成6年	マンゴープリン イタリアンロール 生どら焼き	コンビニ 焼きたてパン便人気 ヨーグルトきのこ 流行語「価格破壊」「就職氷河期」
1995	カヌレ 「純生ロール」 チーズまんじゅう	▶阪神淡路大震災(1/17) ココア話題 第1回 チョコレート・ココア国際シンポジウム ウィンドウズ95発売／インターネット元年
1996	タブレット菓子	簡易型携帯PHSヒット
1997	ベルギーワッフル クイニーアマン	ベーカリーカフェ たまごっちブーム 消費税率UP　3%→5% ▶拓殖銀行・山一證券破綻(11月)
1998	「なめらかプリン」 エッグタルト 半熟タイプミニチーズケーキ	長野オリンピック(2月) 100円ショップ人気 ※「食感」が『広辞苑』第5版に収録
1999	ラスク(第一次) だんご 生チョコレート	生チョコレート表示基準決定(4月) 地域振興券 歌「だんご3兄弟」ヒット TVドラマ「あすか」（和菓子屋物語）NHK 「iモード」登場・ケータイ普及

年	ヒット・話題スイーツ	世相・出来事
2000 平成12年	作りたてシュークリーム 「甘栗むいちゃいました」 ホイップチョコスティック ベストオブシュガースイーツ(初回) なめらかプリン お砂糖"真"時代協議会	シュークリーム専門店登場 サロン・ド・ショコラ初開催 カリスマパティシエ人気 3月 洋菓子協会連合会機関誌『洋菓子店経営』終刊 デパ地下ブーム 「写メール」始まる
2001	ニューヨークチーズケーキ 玩具付菓子	3月 雑誌『Café Sweets』創刊 TVドラマ「アンティーク西洋骨董洋菓子店」 ▶ニューヨーク同時多発テロ(9/11) 携帯電話が固定電話の契約数を越える
2002	ヨーグルト クレメダンジュ 和スイーツ	ロールケーキ専門店登場 食べるテーマパーク増加 ※「スイーツ」が菓子類等甘いもの全般の意味として広がり始める
2003	バームクーヘン スイーツブーム	駅ナカ活性化 自由が丘スイーツフォレストopen 黒い食品(黒ゴマ、黒酢など)
2004	ラスク(第二次) マカロン フルーツフルタルト ご当地ロール 「暴君ハバネロ」	恵方巻 空弁 流行語「萌え」「韓流ドラマ」

年	ヒット・話題スイーツ	世相・出来事
2005 平成17年	ドゥーブルフロマージュ コンフィチュール 高カカオ(ハイカカオ)チョコレート お取り寄せブーム	愛知万博[愛・地球博](3～9月) ロールケーキの日(6月6日)始まる 駅ナカブーム 流行語「おひとりさま」 インターネット人口普及率7割突破
2006	瓶プリン 生クリーム大福 受験縁起菓子 ワッフルケーキタイプ	市町村合併(1月) B-1グランプリ始まる(地域B級グルメ人気) 商品名「プレミアム」増加
2007	生キャラメル 塩キャラメル スティックケーキ／専門店登場 ドーナツ	TV「秘密のケンミンSHOW」スタート 日テレ 地域食・菓子
2008	一重ロール 鯛焼き 「じゃがポックル」	▶リーマンショック(9月) 流行語「スイーツ男子」 ※「スイーツ」が菓子類等甘いもの全般の意味で『広辞苑』第6版に収録
2009	半熟カステラ(しっとりパン・デ・ロー) 「秋保おはぎ」 クリームパン	人口減少始まる ※緩やかなデフレ認定

年	ヒット・話題スイーツ	世相・出来事
2010 平成22年	プレミアムロールケーキ（コンビニロールケーキ） 牛乳寒天	パンケーキ ゆるキャラグランプリ始まる ▶猛暑
2011	塩キャンディー（猛暑対策）	▶東日本大震災(3/11) スマホ(スマートフォン）普及加速 「ご褒美」話題
2012	濃厚チーズケーキ[コンビニ] フレンチトースト プチギフト	塩麹
2013	抹茶スイーツ[訪日外国人土産]	フルーツグラノーラ 「和食」世界無形文化遺産(12月) スマホ世帯普及率6割突破
2014	スイーツミール 　パンケーキ、フレンチトースト他 甘酒	希少糖話題 サードウェーブコーヒー 消費税率UP　5%→8% インバウンド消費
2015	かき氷 抹茶スイーツ	塩パン 機能性表示食品　4月スタート TVドラマ「まれ」（パティシエ修行）NHK 映画「あん」（どら焼き）

年	ヒット・話題スイーツ	世相・出来事
2016 平成28年	機能性スイーツ クッキーサンド	ボリューミーサンド SDGs日本の取り組み始まる
2017	ふわふわかき氷 クールスイーツ 映えスイーツ(フォトジェニック) しめパフェ	コッペパン 「インスタ映え」流行語大賞
2018	ほうじ茶スイーツ タピオカドリンク	高級食パン 「もぐもぐタイム」平昌五輪カーリング
2019 令和元年	バスク風チーズケーキ ビーンツゥバーチョコレート バズスイーツ	令和改元 5月1日 サブスクリプション
2020	アマビエ厄除け菓子 旅気分・ご当地スイーツ 手作りおうちスイーツ	▶新型コロナ感染拡大 癒し・安心志向 おうち消費 非接触販売、ディスタンス リモートお茶会・飲み会 SDGs認識浸透し始める TVドラマ「この恋あたためますか」TBS (コンビニスイーツ開発)

年	ヒット・話題スイーツ	世相・出来事
2021 令和3年	マリトッツォ 台湾カステラ わらび餅 萌え断フルーツサンド	昭和レトロ 東京オリンピック・パラリンピック(7〜9月) TVドラマ「カムカムエブリバディ」 (「あんこ」が繋ぐ) NHK

スイーツ新語辞典 1989-2021

※スイーツ史の観点から、スイーツ関連語や、
消えてしまう可能性のある言葉をも収録した。

■ア行

アサイーボウル(英 açaí bowl)

ブラジル原産のアサイーのスムージーに、蜂蜜やグラノーラなどのシリアル、果物を加えたもの。「アサイー」はポルトガル語の伝播。13(平成25)年話題。

あんバター

あん(餡)とバターを重ね合わせるなどしたもの。サンドしたり、生地で包んだりして食べる。21(令和3)年人気。

イタリアンロール

外側がシュー皮になるように、シュー皮とスポンジでクリームを巻いたロールケーキ。94(平成6)年話題。

ヴィーガンスイーツ

→ビーガンスイーツ

ウエン(芋圓)

すりつぶした芋に砂糖を加え、タピオカスターチを混ぜ、細長く成型し、ビー玉より少し大きめに切り、ゆでて水にさらす。台湾スイーツ。21(令和3)年話題。

ヴェリーヌ(仏 verrine)

原義は、ガラス製で脚の無い器の呼称で、液状又は固形の料理等の名称。デザートでは、同名の器に、ムースやジュレ(ゼリー)などを層状に重ね、視覚的、味覚的に変化をつけたもの。パリで2007年頃から流行し始め、日本には08(平成20)年に紹介される。

エッグタルト(英 egg tart)

パイ生地のタルトレットに、カスタードクリームを流し込んで焼いた菓子。ポルトガル発祥の菓子パステル・デ・ナタ(パステイス・デ・ナタ)のこと。ポルトガルの植民地マカオに伝わってダンターと呼ばれ、香港、台湾に伝わりタンター、タンタオなどと呼称が変化、日本に伝えられたもの。日本では、98(平成10)年にブームとなる。

恵方巻(えほうまき)

2月3日節分の日、恵方(その年の歳神がいる縁起のいい方角)に向かって、切らない太巻きずしを、願いを込めつつ無言で丸ごと食べきると福が来るという関西の風習で、1990年代後半頃からコンビニが仕掛けて全国に広まったもの。スイーツの恵方巻は、ロールケーキなどすしのバリエーション。

置き菓子

富山の薬店が家庭に配置販売する「置き薬」にヒントを得て、オフィスにボックスを配置・販売し、巡回訪問して菓子を補充するグリコが開発したビジネスモデル。

■カ行

カップケーキ(英 cup cake)

耐熱性の紙カップに生地を流して焼いたアメリカンケーキ。

カヌレ(仏 cannelé)

カヌレ型に蜜蝋(みつろう)を塗り、沸騰した牛乳に卵、小麦粉、バター、砂糖等を混ぜ、冷めてから流し込み、焼き上げるもので、蜜蝋の艶のある深い焼き色や香ばしさと、生地のやや固いが弾力性のある食感が特徴。フランスのボルドー地方に伝わる菓子(cannelé de Bordeaux)。1515〜1700年頃、女性修道院で作られ、その修道院だけで食べられたケーキだといわれている。その後、戦争のためわからなくなってしまっていたが、1790年、書籍に記されたものから復元、改良されたと伝えられている。カヌレの語義は「溝のついた」の意であり、形状からついた名前であろう。1995(平成7)年ブーム。※22(令和4)年再度ブーム。

かりんと饅、かりんとう饅頭

黒糖を練り込んだ生地でこしあんを包んだ饅頭を、油で揚げて作る。表面のカリッとした食感がかりんとうの風味に似ている。10(平成22)年人気。

カレ・ド・ショコラ(仏 carré de chocolat)

正方形で板状のチョコレート。「カレ」は「正方形」の意。

変わり種ラスク

ラスクのブームの後09(平成21)年頃から、カステラ、スポンジケーキ、エクレアなどパン以外のラスクが作られるようになった。

希少糖(きしょうとう)

レアシュガーのこと。「希少糖」という名称は、香川県の希少糖普及協会が持っている商標。希少糖の内、香川で製品化されたD－プシコースは、甘いのにカロリーがほぼゼロで注目された。14(平成26)年頃話題。→レアシュガー

機能性スイーツ

健康増進の効果が期待できる素材を使ったお菓子。

機能性表示食品

健康の維持・増進が期待できることを、科学的根拠に基づいて容器包装に表示できる食品。特定部位への効能が表示できるが、病気の予防・治療に有効と思わせるような表現は認められない。事業者は、臨床研究結果や論文など、表示の科学的根拠を消費者庁に届ければ、審査なしで60日後には販売できるが、健康被害の情報収集体制を構築する必要もある。機能性表示食品制度は、2015(平成27)年4月1日開始。

逆チョコ

日本ではバレンタインの時期に、女性が男性にチョコを贈るが、逆に男性から女性にチョコレートを贈ることをいう。09(平成21)年、森永製菓のプロモーション等で話題に。

ギャバ(GABA)

神経伝達物質のひとつ「γ(ガンマ)アミノ酪酸」の略で、動植物の体内に広く存在する。神経の興奮を抑制する作用があり、リラックス・抗ストレス効果や、血圧・腎臓機能の正常化作用もあると言われる。体内で生成されるものであるが、ストレス・老化などで濃度が低下するため、食べ物で補う必要があると言う。発芽玄米、みそ、トマトなどに多く含まれている。05(平成17)年話題。

ギルトフリー(英 guilt-free)

「ギルト(罪悪感)」が「フリー(自由、無い)」の意で、スイーツの場合は「罪悪感から解放されたスイーツ」という意味になる。例えば、「糖質オフ」「グルテンフリー」など健康を気にせず食べられること。健康志向(菓子)。

クイニー - アマン(仏 kouign-aman)

ブルターニュの郷土菓子。ブルトン語(ブルターニュ地方の言語) でクイニーが「菓子、パン」、アマンが「バター」で、「バター入りの菓子」の意。ブルターニュは、バターと海塩の産地で、クイニー - アマンには海塩入りの有塩バターを用いる。発酵生地を延ばし、バターと砂糖を包み、折りパイのように数回折って作る。表面はパリッとしていて、中は弾力性が残った歯応えのある食感が特徴。古くはパン生地のみで作られたものらしいが、後、作り方のバリエーションが増えた。1997(平成9) 年人気。

クーロンキュウ(九龍球)

丸いゼリーの中に、フルーツやエディブルフラワー(食べられる花) を閉じ込めたもの。ビー玉のようで、ゼリーは透明なものの他、ソーダの色をつけたものもある。香港発祥と言われる。21(令和3) 年話題。

グミ(独 Gummi)

果汁などをゼラチンで固めたゼリーの仲間。ゼラチンの量が、グミは８％程度になるが、ゼリーは３％程度。西ドイツ生まれで、日本では1980(昭和55) 年頃から作られるようになった。89(平成1) 年、21(令和3) 年話題。

クリぼっち

クリスマスを1人で過ごすこと。**クリ**スマスの「クリ」と、ひとり**ぼっち**の「ぼっち」を組み合わせた造語。使われ始めた時期は不詳。12(平成24) 年にはSNSなどでもよく使われるようになった。

グリーンスムージー (英 green smoothie)

生の葉野菜と生のフルーツをミキサーで混ぜ合わせた飲み物。

クレーム　ブリュレ(仏 crème brûlée)

デザート。ブリュレは「焦げた」意で、「焦げたクリーム」のこと。皿に生クリームと卵黄を主にした一種のカスタードクリームの上にカソナード(粗糖)をふりかけ、焼きゴテやバーナーで短時間に焦がして、表面をカラメル状にしたもの。カラメル・カスタードともいう。表面がパリッとした焦げたカソナードの下からトロリとしたクリームが出てくるのが特徴。対照的な食感が味わえる。1991(平成3)年ヒット。

起源には、①1970年頃始まった仏料理ヌーベルキュイジーヌの旗手の一人ポール・ボキューズが、スペインのデザートである「クレマ・カタラナ」を、'80年代に改良したもの②原形はフランスの「ポ・ド・クレーム」など諸説がある。

クレメダンジュ(仏 crémet d'Anjou)

クレメダンジェ、クレームダンジュ(ダンジェ)、クレームアンジュ(アンジェ)とも表記される。フレッシュチーズのフロマージュブランに生クリーム、メレンゲなどを混ぜ、水分を抜いたフレッシュチーズデザートケーキ。ガーゼなどに包んで供されることが多い。1900年頃、フランスのアンジュ地方で生まれたと言われる。02(平成14)年話題。

クロッフル

クロワッサンの生地を、ワッフル用の鉄板で焼いたもの。**クロ**ワッサンとワッ**フル**とを合わせた造語。韓国のスイーツ。2021(令和3)年話題。

クロワッサンドーナツ(仏 croissant＋英 doughnut)

ドーナツ状にしたクロワッサン生地を、何層も重ねて焼いたものを、揚げて作る。パイのようにサクサクした食感になる。2013年5月ニューヨークのベーカリーが発売、人気になった商品。

高カカオ(ハイカカオ)チョコレート

カカオ分の含有比率を高めたチョコレート。規格は定められていないが、カカオ分50%以上という説や、70%以上という説などがある。ポリフェノールの抗酸化作用が体にいいとされ、ダイエット効果もあると言われ、05(平成17)年頃からブーム化。

ゴーラー

かきゴーラーのこと。「kakigoori」の略「goor」に英語で「～する人」の意の接尾辞「-er」をつけた和製造語。かき氷が大好きで、食べ歩きをするなど、かき氷には目が無い人のこと。かき氷フリーク。17(平成29)年話題。

コオロギスイーツ

食用コオロギの粉末を使って作るスイーツで、エビのような風味があり、クッキー、せんべいなどがある。**昆虫食**は、少ない飼料で生育可能、食肉用家畜より環境負荷が少ないことなどから、食糧難対策、サステナブルで良質な動物性タンパク食品として注目されている。20(令和2)年頃登場。→昆虫食

コクキレ

コク(濃い深みのある味)があるのに、キレ(スッキリして後に残らない)がある風味。テレビCMから浸透した言葉。

ご当地スイーツ

ご当地ロール(04)、ご当地かき氷(16)、ご当地プリン(19)など、地域にこだわったスイーツ。地域の特産物を使ったもの、地域の民話や固有の習慣など地域に由来する商品。地域起こしにリンクすることもある。()内は話題になった西暦年。

コラボ商品

企業、店、人などが共同、合作した商品。語源はコラボレーション(英 collaboration)。01(平成13)年頃から話題となり、スイーツを含む様々な商品の開発・研究・製造・販売やイベント、プロモーションなどにも活用される。

昆虫食

蜂の幼虫、イナゴ(成虫)などの昆虫を食べること。蛹(さなぎ)、卵なども食べられる。古来世界中で食べられていたが、近年、少ない飼料で生育可能、食肉用家畜より環境負荷が少ないことなどから、食糧難対策、サステナブルで良質な動物性タンパク食品として注目されている。→コオロギスイーツ

コンフィチュール(仏 confiture)

砂糖を加えて煮詰めた果実類。ジャム、プリザーブなど。2004(平成16)年話題。

■サ行

桜スイーツ

桜の葉や花などを用いて作ったお菓子。これまで、和菓子の素材としては使われていたが、洋菓子でも、苺以外に春の季節感を表す素材として桜が使われ、人気となって広がったもの。06(平成18)年話題。

塩キャンディー

猛暑による塩分不足を補給できるとして、猛暑の翌11(平成23)年人気となる。

しめパフェ、シメパフェ、締めパフェ

お酒を飲んだ後の締めに食べるパフェ。「夜パフェ」とも言う。札幌でブームとなり、全国に波及したもの。17(平成29)年話題。

食感

口当り、舌触り、歯応えなどの口中触感。硬さ、柔らかさ、なめらかさ、しとり、粘性、弾力など、食べた時の物質的な感じ。テクスチャー。「食感」は元来食の業界用語であり、一般に広まったのは1990年代。「食感」が『広辞苑』に収録されたのは1998(平成10)年(第5版)。

食品リサイクル法

食品関連事業者に対して、2006(平成18)年度までに、食品廃棄物の20%以上の削減やリサイクルを求めた法律。01(平成13)年施行。

ジンジャラー

ジンジャー(ショウガ)を熱愛し、料理や菓子など、さまざまなものにジンジャーを加えて食べる人のこと。gingerに「〜する人」の意の接尾辞-erをつけた和製語。09(平成21)年、豚インフルエンザの流行で、予防ワクチンの生産が間に合わず、自分の免疫力によって防ぐしか方法が無かったため、漢方や薬膳などに関心が集まり話題となった。ショウガは、発散、健胃、鎮吐作用があるとされ、体を温めてくれるため、葛湯に加え、昔から風邪薬として用いられてきたことで、注目される。これを受け、ドラッグストアなどでは、「ジンジャースイーツ　コーナー」を設けるところもあった。

スイーツ(英 sweets)

①イギリスでは、砂糖菓子を指す。②日本では、01(平成13)年頃から、菓子類、デザート類全般を意味する言葉として使われるようになった。08(平成20)年1月発売の『広辞苑』第6版に「スイーツ」が採録された。

酢イーツ

酢を使ったスイーツを意味する造語。06(平成18) 年頃話題。

スイーツ男子

甘党男子とも。甘いもの好きな男性のこと。増加する活発で攻撃的な女性とおとなしく受動的な男性を表現した「肉食女子、草食男子」という言い方から派生した言葉。09(平成21) 年話題。

スイーツバイキング

ケーキバイキングのこと。デザートブッフェともいう。ケーキ、デザート等の食べ放題。食べ放題をバイキングと称するのは和製語。帝国ホテルがスウェーデンの食べ放題「スモーガスボード」を取り入れた際、海賊(バイキング) がごちそうをたくさん並べて豪快に食べるイメージから、店名を「インペリアルバイキング」と命名したことにより、食べ放題を「バイキング」と呼ぶようになったもの。

スーパーフード(英 superfood)

一般的な食品より栄養価が高いものや、特定の栄養、健康成分を特別多く含む植物由来の食物。アサイー、チアシード、キヌア等がある。

スティックケーキ

スティックのように細長くカットされたケーキ。02(平成14) 年チーズケーキバー話題。07(平成19) 年スティックケーキ専門店登場。

スムージー (英 smoothie)

凍らせた果物や野菜などを細かく砕いたシャーベット状の飲み物。果物や野菜に、クラッシュアイスを入れて作る場合もある。98(平成10) 年頃から話題。→グリーンスムージー

セミフレッド(伊 semifreddo)

セミ(semi) は「半分、半ば」、フレッドは「冷たい」の意。話題となったものは−15℃でも固く凍らず柔らかく、品温が上がっても溶け出したりくずれたりしないデザートケーキ。アイスクリームとケーキの中間に位置するような洋菓子。糖度を上げたり、アルコールを加えたり、オーバーランを200まで上げるか卵黄の量を多くするなどし、固く凍らせないようにしている。

空スイーツ

空弁ブーム(04[平成16]年) の影響で生まれたもの。空港で販売する菓子類のことを指す。

■タ行

台湾カステラ

牛乳、油を使い、メレンゲを加えて、日本のカステラよりふわふわに作る、シフォンケーキのような軟らかい食感の、台湾のカステラ。日本から台湾に伝わり、独自の進化をしたもの。21(令和3) 年人気。

タピオカミルクティー

ミルクティーに大粒のタピオカ(英 tapioca) を入れた、台湾発のスイーツドリンク。タピオカティー、タピオカドリンクとも。タピオカはキャッサバの根からとったデンプン。2018(平成30) 年ヒット。

タブレット菓子

タブレット(英 tablet ＝錠剤) の形をした菓子。錠菓ともいう。96(平成8) 年、ミント系のタブレット菓子を中心にブーム化した。

ダンター、タンター、タンタオ

タン(蛋)は卵、ター(撻)は英語タートtart(仏語タルトtarte)の音を表したもの。
→エッグタルト

地域団体商標、地域ブランド

商標法が2006(平成18)年4月1日に改正され、「地域名+商品名(またはサービス名)」を商標として登録することが可能になった。事業協同組合などの法人が、構成員に使用させることを前提に取得する。従来制度では、知名度の条件が「全国的」であったものが、新制度では「複数都道府県に及ぶほど」に緩和された。

チーズケーキバー

スティック状のチーズケーキ。片手で持って食べられるタイプ。バー(英 bar)は「棒、棒状の物」の意。02(平成14)年話題。専門店も登場。

チーズテリーヌ

テリーヌ型で焼いたねっとりリッチな味わいのチーズケーキ。21(令和3)年話題。テリーヌ型(仏 terrine)=ボックス形の陶器の型。

チーズ蒸しパン

しっとりふわふわな蒸しパン。小判型が一般的。日糧製パンの創製と言われる。パン業界で、同様な商品が「チーズ蒸しケーキ」としても販売された。90(平成2)年ヒット。

チェリーパイ(英 cherry pie)

アメリカンチェリーを載せて包んだパイ。アメリカの人気テレビドラマ・映画「ツインピークス」の登場人物の好物として人気となったもの。日本にも伝えられ、92(平成4)年話題。

チョイ足し

料理などに何かを少し足して、別な味を楽しむこと。テレビ番組などで、「意外なものを足して食べたらおいしかった」ことからおもしろがられて広がったもの。後に「味変」とも。10(平成22)年話題。

チョコミン党

ミント味のチョコレート好きの人のこと。18(平成30)年頃話題。

チョコレートファウンテン(英 chocolate fountain)

チョコレートを溶かして、塔の上から流れ出る泉のように流し、カットしたフルーツやケーキのようなものを串で刺し、チョコレートをかけて食べるもの。

チョコレートフォンデュ(英 chocolate＋仏 fondue)

チーズフォンデュのチョコレート版。チョコレートを温めて溶かし、串で刺したカットフルーツやケーキ類を浸してコーティングし、食べるもの。09(平成21)年頃話題。

地理的表示

高い評価を得ている地域の特産品が、独占的に地域ブランドを名乗れる制度。基準を満たしたものは、専用のマーク使用を認める。不正なものは、行政が取り締まる。

低糖質食、糖質制限食

糖尿病患者や予備軍の人が、血糖値を抑えるためにとる食品や料理から始まったもの。後にダイエット食として注目され、09(平成21)年頃から話題。菓子類では16(平成28)年低糖質スイーツ話題。→ギルトフリー

ティラミス(伊 tiramisu)

イタリアのデザート。元来、家庭で手軽に作られる菓子で、チーズムースの一種。フレッシュクリームチーズ「マスカルポーネ」に生クリームを混ぜたものと、エスプレッソやコーヒーリキュールを浸したスポンジケーキを交互に重ね層状に作り、コーヒーまたはココアパウダーをふりかけて仕上げる。日本では1990(平成2) 年ブームとなった。
ティラミスを直訳すると、tiraは「引っ張る」、miは「私を」、suは「上に」の意で、「私を上に引っ張って」となり、「私の気分を盛り上げて」「私を楽しくさせて」の意となる。リキュールやコーヒーを使用するため「気分を盛り上げる」意の名前がついたと推定される。

デザートブッフェ

→スイーツバイキング

テリーヌ型(仏 terrine)

ボックス形の陶器の型。→チーズテリーヌ

トウファ (豆花)

豆乳を固めた素朴な味わいで、豆腐よりなめらかな口当たり。台湾スイーツ。20(令和2) 年頃伝わる。

トゥンカロン

「太っちょマカロン」の意で、大ぶりのマカロン。「トゥンカ」は韓国語で「太っちょ」の意。韓国のスイーツ。20(令和2) 年頃伝わる。

トルコアイス

トルコのドンドゥルマ。粘りがあるのが特徴のアイスクリームで、日本での呼称。粘りは、サーレップという植物の根の粉末によると言われる。日本では01(平成13) 年登場、12(平成24) 年頃話題。→ドンドゥルマ

とろ生ドーナツ

リング状スポンジにムースをのせ、ゼリーでコーティングしたドーナツ型のお菓子。名古屋のアンティークの創製といわれる。その後バリエーションが増加し、生ドーナツとも言われるようになった。ケーキドーナツ。10（平成22）年話題。

ドンドゥルマ（トルコ dondurma）

トルコ語で「凍らせたもの」の意で、アイスクリーム、氷菓全般を指す。トルコのアイスクリームは日本ではトルコアイスと言う。粘りがあることが特徴。→トルコアイス

■ナ行

ナタ・デ・ココ、ナタデココ（スペイン nata de coco）

フィリピン原産のデザート用食品。フルーツカクテルなどの素材として用いられることが多いが、フィリピンではハロハロなどに使われる。乳白色で、食感は独特な弾力があり、ややライチに似た風味。ココナツジュースと砂糖の液に、酢酸菌を加えて発酵させ、液の表面に2cm程度皮状に固まってできるもの。食物繊維を含む。サイコロ状にカットして用いるのが一般的。「ナタ」は（ミルクなど）液体の上面に膜状にできる上皮、「ココ」はココナッツのこと。日本では、1993（平成5）年にブームとなった。

生キャラメル

キャラメルの素材（牛乳、グラニュー糖、蜂蜜、バニラ）に生クリームを多量に加えてかき混ぜ、煮詰め、冷やし固めて食べやすい大きさにカットしたもの。06（平成18）年、北海道のノースプレインファームが商品化。翌07年ヒット。

生クリーム大福、生大福

生クリーム入りの大福餅。生クリームとあんを、ギュウヒまたは餅でくるんだ菓子。06(平成18)年ヒット。

生チョコ、生チョコレート

チョコレートに生クリームを練り込んだもの。軟らかさと口溶けの良さが特徴。スイスのジュネーブ発祥。日本では、「チョコレート加工品(チョコレート生地を全重量の40%以上使用したもの)のうち、クリームが全重量の10%以上であって、水分(クリームに含有されるものを含む)が全重量の10%以上となるもの」(公正取引委員会「チョコレート類の表示に関する公正競争規約」)という基準がある。日本では1995(平成7)年頃から人気となり、99(平成11)年ブーム化。

生ドーナツ

→とろ生ドーナツ

生どら、生どら焼き

生クリームとあんを挟んだどら焼き。東北の菓子店から始まったと言われる。94(平成6)年ヒット。

ニューヨークスイーツ

フランスのパティシエ達が、ニューヨークへ渡り、アメリカンケーキをフランス風にアレンジしたものなど、アメリカンとフレンチのフュージョン(融合)スイーツ。ニューヨークで人気を博し、日本に影響を与えた。日本で最初に取り入れたのは、2000(平成12)年、名古屋高島屋に出店したグラマシーニューヨーク(プレジィール)だと言われる。

■ハ行

ハイカカオチョコレート

→高カカオチョコレート

ハイブリッドスイーツ(英 hybrid sweet)

異なったものを組み合わせたスイーツ。クロワッサンドーナツなど。15(平成27)年話題。

映えスイーツ(ばえスイーツ)

スマホ(スマートフォン)の普及によって、写真映え(フォトジェニック)するものが好まれるようになったもので、色、形、サイズ等写真映えするスイーツのこと。「インスタ映え(2017年流行語大賞)」「SNS映え」するスイーツの意。

バズスイーツ

「バズ(英 buzz)」は、「蜂がブンブン飛ぶ音」を意味し、インスタグラム、ツイッター等SNSなどを通じて、短期間に世の中に広がり話題になる(バズる)スイーツのこと。19(令和1)年話題。

バスクチーズケーキ、バスク風チーズケーキ

スペイン・バスク地方で販売されているタルタ・デ・ケソ(スペイン tarta de queso「ケソ」はチーズの意、チーズケーキのこと)で、バスクチーズケーキは日本での呼称。外側を黒く焼いたベイクドチーズケーキとレアチーズケーキの特徴を併せ持ったベイクドチーズケーキの一種。2016(平成28)年日本で作られるようになり、19(令和1)年ヒット。

HACCP(ハセップ、ハサップ)

危害要因分析必須管理点のこと。Hazard Analysis and Critical Control Pointの略。食品を製造する工程を分析し、危害を起こす危険性のある要因(Hazard)を分析(Analysis)特定、それを重点的に管理して安全性を獲得する管理手法。CCPは必須管理点。米国NASAが開発した。

バターサンド

クッキーなどでバタークリームをサンドしたもの。レーズン等を加えるなど、バリエーションがある。第一次のブームは、昭和の中頃に発売された東京・小川軒の「レイズンウイッチ」から始まったと言われ、その後北海道・六花亭の「マルセイバターサンド」がヒット。根強い人気があり、多くの菓子店が手掛け、平成期にも話題商品が生まれ、21(令和3)年にも話題に。

ハラル食

イスラム教が摂取を禁じている豚肉やアルコールを使わないなど、製品やサービスが宗教上の戒律に適合したことを証明する制度「ハラル認証」によって認められた食べ物。「ハラル」とは、アラビア語で「合法」を意味する。製造過程、処理手順や保管・輸送など細かく審査する。2014(平成26)年頃から注目される。

パンナコッタ(伊 panna cotta)

パンナは「生クリーム」、コッタは「加熱する・料理する」という意味。さわやかな風味で白く、プリンに似ている。生クリームを温め、ゼラチン、バニラエッセンスを加え、冷やし固めるイタリアの伝統的デザート。アマレットを加えることもある。フローレンスで作り始められたという説がある。日本では1993(平成5)年にブームとなった。

半熟カステラ

しっとりしたパン・デ・ローのこと。カステラの祖形と言われるポルトガルのスポンジのケーキパン・デ・ローのうち、しっとりしたタイプ。09(平成21)年人気。

半熟タイプミニチーズケーキ

しっとり感のあるスフレタイプのミニサイズチーズケーキで、小判型が多い。茨城のコートダジュールの「はんじゅくちーず」が最初だと言われている。98(平成10)年頃ブーム化。

ビーガン(ヴィーガン)スイーツ

ビーガン(英 vegan)は、ベジタリアンの中でもより厳格な「完全菜食主義者」のことで、スイーツは卵や乳製品など動物由来のもの一切を使わないで作る。

B級グルメ

A級(高級、高価)のグルメの食べ物ではなく、身近にある安くておいしい食べ物のこと。

ピーチ現象

ピーチフィズなど洋酒の人気から始まり、食品、ファッションなど広範囲にピーチ人気が広がったもの。89(平成1)年頃。

B−1グランプリ

各地のB級ご当地グルメが、味を競い合うイベントで、全国にPRする目的で開かれたもの。全国に呼びかけたのは、青森県八戸市の「八戸せんべい汁研究所」で、第1回は06(平成18)年2月、八戸で開催、「富士宮やきそば」が優勝した。団体名は「愛Bリーグ」

ビーントゥバー、ビーンツゥバー（英 bean to bar）

チョコレート製法のひとつ。カカオ豆（ビーン）の選別から製品（バー＝元来「棒・板チョコ」を指すが後意味が広がったもの）まで、一貫して自社、自店で行うこと。19（令和1）年頃から話題。

ぴえんクッキー

大きな目に白で大小二つの点を入れてうるんだ眼にし、泣き顔を描いた手作りのクッキー。「ぴえん」は19（令和1）年頃から女子高校生など若い女性間の「泣き顔」を意味する流行語を絵にしたもの。20年話題に。

一重ロール

「堂島ロール」のヒットによって広がったロールケーキ。たっぷりの生クリームをスポンジ生地で一重巻きしたもの。08（平成20）年ブーム。

ファストスイーツ

ファストフード類の中でスイーツ系のものを示す。ドーナツ、クレープ、ソフトクリーム、たい焼き、今川焼（太鼓焼き、大判焼き）など、バリエーションは多い。メニュージャンルを絞り、アイテムを絞って効率化、システム化を図って、低価格と素早い提供を実現した業態で、その場で作るか、半製品を組み立てて提供するのが原則だが、集中生産したものを提供する場合もある。和製語。

フィンガースイーツ

手に持って食べやすいサイズ・形状のお菓子のこと。07（平成19）年話題。フィンガーフードの一種。ワンハンドスイーツとも。和製語。

フードディフェンス(英 food defense)

食品に誰かが故意に有毒物質や微生物を混入させることを防止する対策。食品防御。07(平成19)年、中国製冷凍餃子による中毒事故を契機に、関心が高まった。

プチギフト(仏 petit＋英 gift)

ちょっとした贈物。結婚披露宴やパーティーなどの出席者を見送る時に手渡すちょっとしたプレゼントのことから言われ始め、お礼、感謝の意での形式ばらないちょっとした贈物をも指すように意味が広がって行った。12(平成24)年頃話題。

フルーツサンド

フルーツとクリームのデザートサンドイッチ。クリームは生クリームが多い。21(令和3)年話題。

ベルギーワッフル(オランダBelgië＋英 waffle)

和製語。英語でベルジャンワッフル(Belgian waffle)。リエージュ(Liège)地方に古くから伝わるカリッとしていて、フチがなく格子模様が深く不定形な丸形の、リエージュタイプ(リエージュワッフル)や、アメリカンタイプに似たソフトで角形のブリュッセル(Bruxelles)タイプなど、地域によっていくつかのタイプがある。日本では1997(平成9)年リエージュタイプがヒットした。

ホットク

韓国で主に冬季に食べられる甘味の間食。おやきやホットケーキのようなもので、餡が入っている。小麦粉やもち米粉で生地を作り、黒砂糖とシナモンのあんを饅頭風に包み、鉄板の上で揚げるように焼き、ホットクヌルゲ(ホットク押し器)で押さえて平たく成形する。「胡(中国)の餅(トック)」の意で、19世紀末の中国移民が作りだしたものだと言われている。2011(平成23)年話題に。

■マ行

マカロン(仏 macaron)

細かく刻んだアーモンド、ココナッツ、クルミなどに砂糖、卵白を加え、丸く絞り出して焼き上げた、一口大で丸く小さな菓子。一般的に、クリーム類をサンドすることが多い。04(平成16) 年話題。

マラサダ(英 malasada)

ふんわりとした食感が特徴の、ハワイの揚げパン。マラサダドーナツとも。ポルトガルの家庭で作られていたお菓子が、ハワイに移住したポルトガル系の人たちによって伝えられ、ハワイに定着したもの。日本では、09(平成21) 年3月公開された映画『ホノカアボーイ』がきっかけで話題になったと言われる。

マリトッツォ (伊 maritozzo)

イタリア・ローマ発祥と言われるパン菓子。丸形の軟らかいパンに、たっぷりの生クリームを挟んだもの。ローマではブリオッシュを使うのが一般的だと言われる。21(令和3) 年ブーム。

「名の由来はイタリア語の『夫(マリートmarito)』。古代ローマ時代、羊飼いの夫に妻が持たせた腹持ちのよいパンが起源だという説がある。最古とみられる記録は19世紀前半で、ローマの詩人が明るくうたった。＜私は毎日、聖なるマリトッツォを買いに行く…＞」天声人語 2021.4.25朝日新聞

マンゴープリン(英 mango pudding　中国 芒果布丁)

香港発祥の中華風洋生菓子。熟したマンゴーの果肉をつぶし、生クリーム、ゼラチン、砂糖と混ぜ、冷やし固めたゼリー。プリンと呼ばれているが、実際はゼリー。94(平成6) 年話題。

水饅頭(みずまんじゅう)

葛粉にわらび粉、砂糖を混ぜ、水に溶かし、強火で半透明になるまで炊いたものを型に流し込み、まるめたあんを入れて蒸し、冷たい水で冷やしたもの。明治時代に岐阜県大垣市で、菓子屋の夏場対策として創製されたという。名前の由来は、冷たい井戸水で冷やして食べることから。93(平成5)年ヒット。

萌え断(もえだん)

「萌える(心がときめく)断面」の意で、フルーツサンドなど、大きなフルーツの断面が見えるようにカットするなど、意外性が高く、写真映えするような断面のこと。21(令和3)年話題。

モンドセレクション(MONDE SELECTION)

世界的に権威があるとされる食品品評会。1961年(昭和36年)、ベルギー政府とＥＣが共同で、菓子を中心にした食品の品質向上を目的として始めたもの。日本では1966年、バターココナツ(日清製菓)の受賞によって知られるようになった。現在、食品以外の酒類、化粧品、洗剤等にも拡大している。審査は、衛生・味覚・包装・原材料等の項目をそれぞれ点数化し、総合得点によって、特別金賞(最高金賞とも。100点満点の90点以上)、金(80点以上)、銀(70点以上)、銅(60点以上)の各賞となる。金賞以上を３年連続受賞すると、別に国際優秀品質賞を授与される。

■ラ行

卵殻(らんかく) プリン

卵の殻を容器に使ったプリン。03(平成15) 年頃話題。

ルビーチョコレート

ルビーカカオを原料にしたピンク色のチョコレート。ベリーのような酸味があり、カカオ風味はあまりなく、「第四のチョコレート」とも言われる。スイスのルビーカレボーが開発、日本では2018(平成30) 年に発売された。

レアシュガー (英 rare sugar)

糖類の一種。自然界にわずかしかない単糖(糖の最小単位) や糖アルコールなどの総称で、50種類以上ある。希少糖とも言うが、「希少糖」という名称は、香川県の希少糖普及協会が持っている商標。レアシュガーの中の香川で製品化されたD－プシコースは、砂糖の7割程度の甘みはあるが、カロリーはほぼゼロであることで注目されている。14(平成26) 年頃話題。→希少糖

ロールアイス

冷やした鉄板の上に、アイスクリームを薄く延ばしたものを、はがしながらロール状に巻いて作る。

ロールケーキの日

6月6日。05(平成17) 年に認定。数字の6はロールケーキの断面に似ていることと、「ろく」はロールの口に通ずることからこの日が選ばれたもの。

■ワ行

わけあり商品

味、品質に問題はないが、形、色などに少々難点があるといった「わけ」があるために、安く販売しているもの。かつて「無印良品」がスタートした時、「わけあって安い」というキャッチフレーズが話題となった。08（平成20）年、不況に陥ったことで、再び「わけあり商品」が話題となる。割れせん、割れチョコ、形の悪い果物や野菜等がある。

ワンハンドスイーツ

片手で持って食べられるスイーツ。フィンガースイーツ。和製語。07（平成19）年話題。

あとがき

菓子類の業界は、市場の違いなどから、大別すると、和菓子、洋菓子、流通菓子、冷菓、デザートがあり、更に米菓、飴菓子のような品種別や生産タイプ等でも分かれています。その垣根は高く、それぞれ独自の活動をしていて、行き来はなかったようでした。

平成になって、生どらブームの時、洋菓子店でも洋風どら焼きを販売、ベルギーワッフルヒットの際は和菓子店で昔ながらのワッフル、「だんご三兄弟」人気の時はだんごに対して串刺しプチシュー、生クリーム大福にはギュウヒシートを使ったデザートタイプスイーツなど、トレンドを合わせることが増え、徐々に和洋を越えて弾力的になって行きました。また、ラスクでは洋菓子店と流通菓子、パンとの垣根も低くなるきっかけができたようです。更に、インバウンドの影響もあって抹茶スイーツブームはスイーツ全般に広がり、猛暑を契機に冷菓との接近もありました。

2002(平成14)年頃から、菓子類など甘いもの全般をスイーツと呼ぶようになってきたことも追い風になったのでしょう。業界の動きは柔軟になり、幅が広がって、消費者はより一層多様な楽しみ方ができるようになったのではないでしょうか。私が菓子業界に入った1972(昭和47)年頃には、考えられないような変化です。

「平成はスイーツの時代」とも言われていますが、業界の変化と相まって、かつてないほど話題豊富で、スイーツ百花繚乱の時代になりました。これらたくさんのスイーツの生成、盛衰に立ち会えたひとりとして、知り得たことを記録に残すことも大切だと思うようになりました。

山本候充（やまもと ときみつ）　スイーツビジネス・コンサルタント　ライター

1946甲府生れ　国学院大学卒業
洋菓子・和菓子製造販売会社の企画室長を経て1985年独立。WHITE SPACE創始。製菓・製パン、外食業等のスイーツ分野のコンサルティングに従事。

著書　『「買いたい」を仕掛ける　菓子・スイーツの開発法』（旭屋出版）
『百菓辞典』（東京堂出版）
『日本銘菓事典』（東京堂出版）
『洋菓子業界読本』（データファイル研究所）
句集『風うた』（ブイツーソリューション）

連載　雑誌『GÂTEAUX』

スイーツ ヒットの理由（わけ）

平成から令和の、この18品はなぜヒットしたか？

発行日　2023年10月29日　初版発行

著　者　山本候充（やまもと ときみつ）
発行者　早嶋　茂
制作者　井上久尚
発行所　株式会社旭屋出版
〒160-0005　東京都新宿区愛住町23-2
ベルックス新宿ビルⅡ　6階

郵便振替　00150-1-19572

電話　03-5369-6423(販売)
03-5369-6422(広告)
03-5369-6424(編集)
FAX　03-5369-6431(販売)

旭屋出版ホームページ　https://asahiya-jp.com

印刷・製本　株式会社シナノ

ISBN978-4-7511-1507-7　C2077

デザイン　小森秀樹
イラスト　山本候充
山本あゆみ
編　集　井上久尚